高等职业院校通识教育"十二五"规划教材

数学（基础模块）第一册

Mathematics

刘明鹏 李志昆 ■ 主编

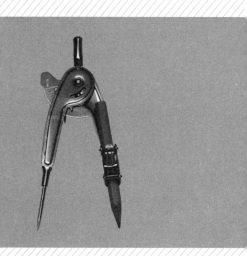

人民邮电出版社

北　京

图书在版编目（ＣＩＰ）数据

数学 : 基础模块. 第1册 / 刘明鹏，李志昆主编
. -- 北京 : 人民邮电出版社，2014.8（2019.9重印）
高等职业院校通识教育"十二五"规划教材
ISBN 978-7-115-36017-5

Ⅰ. ①数… Ⅱ. ①刘… ②李… Ⅲ. ①高等数学－高
等职业教育－教材 Ⅳ. ①O13

中国版本图书馆CIP数据核字(2014)第151667号

内 容 提 要

本教材为适应职业教育教学的改革和发展，贯彻"以服务为宗旨，以就业为导向"的职业教育办学指导思想，结合学生实际情况，贴近专业和岗位对学生数学水平的需求，依据职业院校数学的教学要求而编写的。

《数学（基础模块）第一册》包括各个专业必须掌握的基础性数学知识。通过有关内容的学习，使学生获得最基础的数学知识，为学生进一步学习专业知识打好基础，为促进终身学习服务。其主要内容包括：数、式与方程；集合与函数；三角函数；数列；直线和圆的方程。

本教材适合职业院校各个专业学生"数学"课程第一学期使用。

◆ 主　　编　刘明鹏　李志昆
　　责任编辑　蒋　亮
　　责任印制　杨林杰

◆ 人民邮电出版社出版发行　　北京市丰台区成寿寺路 11 号
　　邮编　100164　电子邮件　315@ptpress.com.cn
　　网址　http://www.ptpress.com.cn
　　北京隆昌伟业印刷有限公司印刷

◆ 开本：787×1092　1/16
　　印张：10.25　　　　　　　2014 年 8 月第 1 版
　　字数：237 千字　　　　　2019 年 9 月北京第 6 次印刷

定价：24.00 元

读者服务热线：**(010)81055256**　印装质量热线：**(010)81055316**
反盗版热线：**(010)81055315**

广告经营许可证：京东工商广登字20170147号

前言

为了适应职业教育教学改革新形势的需要，全面贯彻"以服务为宗旨，以就业为导向"的指导方针，结合职业院校学生的实际，贴近社会、贴近职业，根据岗位对职业能力的发展需求，由文化基础课课程专业、教研实践经验丰富的职教教研员及教学一线的骨干教师共同编写了本套职业院校"数学"课程教材。

本套数学教材编写遵循以下原则。

1. 基础性原则：以基础与适用为准则，选择与职教培养目标相符的内容，适合数学基础薄弱的学生。

2. 实用性原则：符合职教学生思维特点，对定理、公式不强调推导和证明，突出应用，使学生学习后会用、会算即可。

3. 功能性原则：与岗位接轨，以为职业目标和专业课服务为原则，内容编排不追求全面，而是针对不同专业分配不同的学习内容。

4. 导学性原则：时刻关注教学方法的变化，做到既方便教师教，又利于指导学生学习。

本套数学教材的特色如下。

1. 教学理念新

（1）职业教育的定位，就是在九年义务制教育的基础上，培养高素质的劳动者。课程结构与教学内容都要围绕"以就业为导向"进行调整，坚持面对社会、面向市场的办学理念。

（2）教材内容以服务教学为宗旨，使职业教育更好地负担起促进发展和促进就业这两个任务。力争做到教学内容与专业课的学习相衔接，与学生的实际状况相衔接。

（3）实施模块化、弹性化、多层次的教育，突破传统观念、传统模式、传统内容、传统方法，以适应学分制课程体系的教学要求。

2. 突出职业特色

本套数学教材内容做了比较大的整合和调整，跳出"应试型"模式，强化与专业有关的内容，删去与专业无关的应试内容及传统的形式化的证明。

3. 通俗、实用、简单、易学，突出素质培养

（1）针对学生的心理特点、年龄特征及认识规律，教材采用讲清概念、淡化理论推导的策略，结合通俗易懂的语言，引人入胜。

（2）教材不在技巧和难度上做过高的要求，不在抽象问题、理性证明和形式化的术语上做过高要求，把复杂的问题以简单的方式介绍出来。

（3）教材力求从实际出发，从学生感兴趣的话题和情景引出主题。

（4）教材提供了符合学生认知特点的阅读材料，增加了一些具体的图片，增强了学生的学习兴趣。

4．具有时代性和科学性

（1）依据教育理论确定教材结构，力求教材内容适用于教学活动的安排和组织。

（2）依据心理学理论，使教材体系编排、教材内容取舍、教学信息的显示及传播方式，符合学生的心理和认识规律，以利于学生学习和掌握。

《数学（基础模块）第一册》是本套数学教材中的一本，它包括各个工作岗位对人才的基本数学知识要求，通过对本书的学习，使学生获得必要的数学基础知识和基本技能，提供学生的基本数学素质，也为进一步学习专业课程和专业技能做好准备。

本教材始终贯彻"以应用为目的，以必需够用为度"的原则，内容由浅入深，循序渐进，激发学生的学习兴趣。

本教材在教学内容上做了精心选择，以符合职业院校各个专业使用的要求。本教材的主要内容包括：数、式与方程；集合与函数；三角函数；数列；直线和圆的方程 5 个模块。

本书内容的教学需 64 课时，课时分配建议如下。

教 学 内 容	课 时 安 排
数、式与方程	14 课时
集合与函数	12 课时
三角函数	12 课时
数列	10 课时
直线和圆的方程	16 课时

本书由刘明鹏、李志昆任主编，由于编写水平有限，书中难免存在不妥之处，欢迎从事职业教育的教师、专家和读者批评指正。

编　者

2014 年 6 月

目 录
CONTENTS

第1章

数、式与方程

初中所学的数学知识,是学习中等职业教育数学课程的基础.本章我们将对初中的部分内容进行复习和强化,主要包括数(式)的运算、解方程(组)和解不等式(组).在此基础上,我们还将学习指数及对数的运算,进一步完善实数的运算知识.

1.1 数(式)的运算

1.1.1 数的基本知识

1. 有理数

整数和分数统称为有理数.

2. 无理数

无限不循环小数叫做无理数,例如:

$$\sqrt{2}, \sqrt{3}, \sqrt{5}, \pi, \cdots$$

3. 实数

有理数和无理数统称为实数.

4. 数轴

规定了原点、正方向和单位长度的直线叫做数轴.

5. 倒数

乘积是1的两个数互为倒数,例如:

$$3 \text{ 和 } \frac{1}{3}, \frac{4}{15} \text{ 和 } \frac{15}{4}, \frac{100}{3} \text{ 和 } \frac{3}{100}, \cdots$$

1的倒数是1.

6. 相反数

只有符号不同的两个数互为相反数,例如:-1 和 1、-3.5 和 3.5、-101 和 101,$\cdots$
零的相反数是零.

7. 绝对值

几何定义:一个数 a 的绝对值就是数轴上表示 a 的点与原点的距离,数 a 的绝对值记作 $|a|$.

代数定义:(1) 一个正数的绝对值是它本身.

(2) 一个负数的绝对值是它的相反数.

(3) 零的绝对值等于零.

即 $|a| = \begin{cases} a & (a > 0) \\ 0 & (a = 0) \\ -a & (a < 0) \end{cases}$

【例1】 求下列数的绝对值.

(1) 3.4；(2) $-\dfrac{3}{7}$.

【解】

(1) 因为 $3.4 > 0$，所以 $|3.4| = 3.4$.

(2) 因为 $-\dfrac{3}{7} < 0$，所以 $\left|-\dfrac{3}{7}\right| = -\left(-\dfrac{3}{7}\right) = \dfrac{3}{7}$.

【例2】 若 a、b 是两个已知数，且 $c = |a-b| - |b-a|$，求 c.

【解】 若 $a > b$，则 $a - b > 0$，$b - a < 0$.

所以 $c = |a-b| - |b-a| = (a-b) - (a-b) = 0$

若 $a < b$，则 $a - b < 0$，$b - a > 0$.

所以 $c = |a-b| - |b-a| = (b-a) - (b-a) = 0$

若 $a = b$，则 $a - b = 0$，$b - a = 0$.

所以 $c = |a-b| - |b-a| = 0$

综上所述，$c = 0$.

课堂练习

1. 在 -2，$\dfrac{3}{4}$，$\sqrt{\dfrac{4}{9}}$，$-\sqrt{2}$，$\dfrac{\sqrt{5}}{2}$ 这些数中，整数有＿＿＿＿，分数有＿＿＿＿，有理数有＿＿＿＿，无理数有＿＿＿＿.

2. $-\dfrac{4}{5}$ 的相反数为＿＿＿＿，倒数为＿＿＿＿；0 的相反数为＿＿＿＿，0 有倒数吗？

3. 求下列各式中 x 的值.

(1) $x < 0$，$|x| = 2$；(2) $x > 0$，$|x| = 0.1$；

(3) $|x| = \sqrt{3}$.

4. 已知 $a \neq 0$，$x = \dfrac{a}{|a|}$，求 x.

1.1.2 整式的运算

1. 幂的运算法则（a、$b \neq 0$，m、n 是整数）

$$a^n \cdot a^m = a^{n+m} \qquad (a^m)^n = a^{m \cdot n}$$

$$(a \cdot b)^n = a^n \cdot b^n \qquad \dfrac{a^n}{a^m} = a^{n-m}$$

2. 常用乘法公式

$$(a+b)(a-b)=a^2-b^2 \qquad (a+b)^2=a^2+2ab+b^2$$

$$(a-b)^2=a^2-2ab+b^2$$

3. 因式分解

多项式的因式分解就是把一个多项式化为几个整式的积，多项式的因式分解和整式的乘法是相反方向的变换.

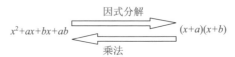

$$x^2+ax+bx+ab \quad \xleftrightarrow[\text{乘法}]{\text{因式分解}} \quad (x+a)(x+b)$$

【例3】 计算：

(1) $(2x^2+3x)-4(x-1)^2$；

(2) $(-\dfrac{3}{4}a^2bc)\div(-3ab)\cdot(-7abc)$.

【解】

(1) 原式$=2x^2+3x-4x^2+8x-4=-2x^2+11x-4$；

(2) 原式$=\dfrac{1}{4}ac\cdot(-7abc)=-\dfrac{7}{4}a^2bc^2$.

【例4】 把下列各式分解因式.

(1) $15a^3b^2-20a^2b^3+5a^2b$；

(2) x^2-y^2+2y-1；

(3) $x^2+2x-15$.

【解】

(1) 原式$=5a^2b(3ab-4b^2+1)$；

(2) 原式$=x^2-(y^2-2y+1)=x^2-(y-1)^2$

$\qquad =(x+y-1)(x-y+1)$；

(3) 原式$=(x-3)(x+5)$.

课堂练习

1. 计算 $(-x+2x^2+5)-(-3+4x^2-6x)$.

2. 计算 $(3ab-7)\cdot(-4a^2+6ab+7)$.

3. 分解因式：

(1) $36a^2bc-48ab^2c+24abc^2=12abc($ $)$；

(2) $a^2+ac-ab-bc=$ _____；

(3) $x^2-6x+8=$ _____；

(4) $2x^2-3x-5=$ _____.

1.1.3 分式的运算

1. 分式

A、B 表示两个整式，$A \div B$ 就可以表示成 $\dfrac{A}{B}$ 的形式，如果 B 中含有字母，式子 $\dfrac{A}{B}$ 就叫做分式，其中 A 叫做分式的分子，B 叫做分式的分母.

2. 分式的基本性质

分式的分子和分母都乘以（或除以）同一个不等于零的整式，分式的值不变，这个性质叫做分式的基本性质，即

$$\frac{A}{B} = \frac{A \times M}{B \times M}, \ \frac{A}{B} = \frac{A \div M}{B \div M} (M \text{ 为不等于零的整式})$$

分式的运算：分式的加减运算是使用通分进行的，分式的乘除运算是使用约分进行的.

【例5】 计算：

(1) $\dfrac{1}{a-x} + \dfrac{1}{a+x}$；　　(2) $\dfrac{1}{a+b} - \dfrac{b}{a^2+2ab+b^2}$；

(3) $\dfrac{b^2}{a^3-2a^2b+ab^2} \div \dfrac{ab+b^2}{a^2-b^2}$.

【分析】 分式的加、减法关键是求最小公分母，基本方法：①先将各分母分解因式；②将所有因式全部取出，公因式应取次数最高的；③将取出的因式相乘，积为最小公分母. 在分式的乘除运算中，先要将各式的分子、分母都因式分解，相乘时约去分子分母的公因式，再化简.

【解】

(1) 原式 $= \dfrac{a+x}{(a-x)(a+x)} + \dfrac{a-x}{(a-x)(a+x)} = \dfrac{2a}{a^2-x^2}$；

(2) 原式 $= \dfrac{1}{(a+b)} - \dfrac{b}{(a+b)^2} = \dfrac{a+b-b}{(a+b)^2} = \dfrac{a}{(a+b)^2}$；

(3) 原式 $= \dfrac{b^2}{a(a-b)^2} \cdot \dfrac{(a+b)(a-b)}{b(a+b)} = \dfrac{b}{a(a-b)}$.

课堂练习

1. 当 $x =$ _____ 时，分式 $\dfrac{2x-3}{1-3x}$ 没有意义.

2. 当 $x =$ _____ 时，分式 $\dfrac{2x-3}{1-3x}$ 的值为 0.

3. 计算：

(1) $\dfrac{3}{a^2 b} + \dfrac{1}{ab} - \dfrac{1}{a^3 b^3}$；　　(2) $\dfrac{3-x}{2x-4} \div \left(x+2-\dfrac{5}{x-2}\right)$.

1.1.4 数的乘方和开方运算

正整数指数幂 $\underbrace{a \cdot a \cdot a \cdot a \cdots a}_{n \uparrow a} = a^n$（$n$ 是正整数）

零指数幂 $a^0 = 1 (a \neq 0)$

负整数指数幂 $a^{-n} = \dfrac{1}{a^n} (a \neq 0, n$ 是正整数）

平方根 若 $x^2 = a (a \geqslant 0)$，则称 x 为 a 的平方根（二次方根）.

立方根 若 $x^3 = a$，则称 x 为 a 的立方根（三次方根）.

n 次方根 若 $x^n = a (a$ 是一个实数，n 是大于 1 的正整数），则称数 x 为 a 的一个 n 次方根.

当 n 为偶数时，对于每一个正实数 a，它在实数集里有两个 n 次方根，它们互为相反数，分别表示为 $\sqrt[n]{a}$ 和 $-\sqrt[n]{a}$；而对于每一个负数 a，它的 n 次方根是没有意义的.

当 n 为奇数时，对于每一个实数 a，它在实数集里只有一个 n 次方根，表示为 $\sqrt[n]{a}$.

当 $a > 0$ 时，$\sqrt[n]{a} > 0$；当 $a < 0$ 时，$\sqrt[n]{a} < 0$.

0 的 n 次方根是 0，即 $\sqrt[n]{0} = 0$.

n 次根式 我们把形如 $\sqrt[n]{a}$（有意义时）的式子称为 n 次根式，其中 n 称为根指数，a 称为被开方数，正的 n 次方根 $\sqrt[n]{a}$ 称为 a 的 n 次算术根，并且

$$(\sqrt[n]{a})^n = a \ (n > 1, n \text{ 是正整数})$$

【例6】 计算：$(\sqrt{3})^0$；$\left(\dfrac{1}{2}\right)^{-3}$；$\left(\dfrac{3}{2}\right)^{-3}$；$0.01^{-3}$.

【解】 $(\sqrt{3})^0 = 1$；

$$\left(\dfrac{1}{2}\right)^{-3} = \dfrac{1}{\left(\dfrac{1}{2}\right)^3} = \dfrac{1}{\dfrac{1}{8}} = 8;$$

$$\left(\dfrac{3}{2}\right)^{-3} = \left[\left(\dfrac{2}{3}\right)^{-1}\right]^{-3}$$

$$= \left(\dfrac{2}{3}\right)^{(-1) \cdot (-3)}$$

$$= \left(\dfrac{2}{3}\right)^3$$

$$= \dfrac{8}{27};$$

$$0.01^{-3} = (10^{-2})^{-3} = 10^6.$$

【例7】 求 -8 的立方根，16 的四次方根.

【解】 -8 的立方根为 $\sqrt[3]{-8} = -2$；16 的四次方根为 $\pm\sqrt[4]{16} = \pm 2$.

为了提高同学们的学习效率和计算的准确度，使用计算器进行计算是很好的选择. 下面

举例说明怎样利用计算器进行数的乘方和开方运算.

【例8】 计算（用计算器运算）：

(1) 22^{15}（用科学计数法表示，保留 4 位有效数字）；

(2) $(1.052)^{10}$（保留 4 位有效数字）；

(3) $10 \times (1.052)^{10}$（保留 4 位有效数字）；

(4) $\sqrt[10]{6}$（保留 4 位有效数字）；

(5) $100(\sqrt[10]{6}-1)$（保留 4 位有效数字）；

(6) $\sqrt[7]{-56.456}$（精确到 0.001）.

【分析】 在计算器上用一个 $\boxed{y^x}$ 键来进行数的乘方运算，按键顺序为：

$$底数 \quad \boxed{y^x} \quad 指数 \boxed{=}$$

在计算器上用 $\boxed{y^x}$ 的第二功能键进行数的开方运算，按键顺序为：

$$被开方数 \boxed{2ndF} \boxed{y^x} 开方次数 \boxed{=}$$

【解】

(1) $22^{15} = 1.369 \times 10^{20}$；

(2) $(1.052)^{10} \approx 1.660$；

(3) $10 \times (1.052)^{10} \approx 16.60$；

(4) $\sqrt[10]{6} \approx 1.196$；

(5) $100(\sqrt[10]{6}-1) \approx 19.62$；

(6) $\sqrt[7]{-56.456} \approx -1.779$.

课堂练习

1. 计算下列各式的值.

4^0；$(\sqrt{2})^0$；$\left(-\dfrac{3}{2}\right)^{-2}$；$0.1^{-2}$.

2. $\dfrac{25}{16}$ 的平方根为_____；0 的平方根为_____；-27 的立方根为_____；$\dfrac{8}{27}$ 的立方根

为_____；$\dfrac{16}{81}$ 的四次方根为_____.

3. 用计算器运算.

(1) 32^{12}，$(-2.05)^{10}$（结果用科学计数法表示，保留 4 位有效数字）；

(2) $\sqrt[6]{106}$，$\sqrt[8]{66.456}$（结果精确到 0.001）.

习题 1.1

1. 求下列各数的倒数与相反数及其绝对值.

(1) $\dfrac{4}{3}$；   (2) -1.5；   (3) 5；   (4) $-\dfrac{3}{7}$；   (5) a.

2. 计算：

(1) $(x^2+5x-6) \cdot (x-1)$；

(2) $(2x^2-3x^3)^2-(x^4-1)$；

(3) $\frac{3}{4}a^3 \cdot b^2c \div (-3abc^5) \cdot (4a^2b^3)$；

(4) $(x-1)(x^3-1)$.

3. 分解因式：

(1) $6abc-12a^2b^2c^3$；

(2) x^2-x-6；

(3) $a^2+ac-ab-bc$.

4. 计算：

(1) $\frac{1}{1-x}+\frac{1}{1+x}$；

(2) $\frac{2-x}{3x-6} \div \left(x+2-\frac{1}{x-2}\right)$.

5. 用计算器运算.

(1) 100^{10}，$(-3.14)^{13}$（结果用科学计数法表示，保留 4 位有效数字）.

(2) $\sqrt[5]{105}$，$\sqrt[8]{33.35}$（结果精确到 0.001）.

1.2 解方程（组）

1.2.1 解一元二次方程

一元二次方程 $ax^2+bx+c=0(a \neq 0)$

求根公式 $x=\dfrac{-b \pm \sqrt{b^2-4ac}}{2a}$

判别式 $\Delta=b^2-4ac$

当 $\Delta>0$ 时,方程有两个不相等的实数根;

当 $\Delta=0$ 时,方程有两个相等的实数根;

当 $\Delta<0$ 时,方程没有实数根.

一元二次方程的解法

(1) 直接开平方法.　　　　(2) 配方法.

(3) 公式法.　　　　　　　(4) 因式分解法.

根和系数的关系 如果 $ax^2+bx+c=0(a\neq0)$ 的两根是 x_1、x_2，那么，$x_1+x_2=-\dfrac{b}{a}$ 且 $x_1 \cdot x_2=\dfrac{c}{a}$.

【例9】 解方程 $x^2-3x+2=0$.

【解法1】 （配方法）

原方程配方，得 $x^2-3x+\left(\dfrac{3}{2}\right)^2-\dfrac{1}{4}=0$

整理得 $$\left(x-\dfrac{3}{2}\right)^2=\dfrac{1}{4}$$

所以 $$x-\dfrac{3}{2}=\pm\dfrac{1}{2}$$

解得 $$x_1=2,x_2=1$$

【解法2】 （因式分解法）

原方程可化为 $(x-1)(x-2)=0$

解得 $$x_1=2,x_2=1$$

【解法3】 （公式法）

$$\Delta=(-3)^2-4\times1\times2=1$$

所以 $$x=\dfrac{3\pm\sqrt{1}}{2}=\dfrac{3\pm1}{2}$$

解得 $$x_1=2,x_2=1$$

课堂练习

1. 解方程.

    （1）$x^2-5x-6=0$；   （2）$x^2-16x+9=0$.

2. 若方程 $9x^2-2mx+16=0$ 有两个相等的实数根，那么 m _____.

3. 若方程 $8x^2-(k-1)x-k-7=0$ 的一个根是 0，则 $k=$_____，另一个根是_____.

1.2.2 解简单的二元二次方程组

    二元一次方程组 几个二元一次方程组成的方程组，叫做二元一次方程组.

    二元二次方程 含有两个未知数，并且含有未知数的项中，最高次数是 2 的整式方程，叫做二元二次方程，它的一般形式为

$$ax^2+bxy+cy^2+dx+ey+f=0(a、b、c \text{ 不同时为 } 0)$$

    二元二次方程组 由两个二元方程组成并且其中至少有一个是二元二次方程，叫做二元二次方程组.

    二元二次方程组的解法 由一个二元一次方程和一个二元二次方程组成的二元二次方程组，一般可用代入消元法来解. 其目的是把二元方程化为一元方程.

【例10】 解方程组.

$$\begin{cases} x+2y=5 & (1) \\ x^2+y^2-2xy-1=0 & (2) \end{cases}$$

【分析】 本题采取代入消元法，也可用降次法求解.

【解】 由式(1)得

$$x=5-2y \qquad\qquad (3)$$

把式(3)代入式(2)得

$$(5-2y)^2+y^2-2(5-2y)y-1=0$$

化简整式得

$$3y^2-10y+8=0$$

即

$$(y-2)(3y-4)=0$$

所以

$$y_1=2,\ y_2=\frac{4}{3}$$

将 y_1,y_2 分别代入式(3)，求得

$$x_1=1,\ x_2=\frac{7}{3}$$

所以，原方程组的解为 $\begin{cases} x_1=1 \\ y_1=2 \end{cases}$ 或 $\begin{cases} x_2=\dfrac{7}{3} \\ y_2=\dfrac{4}{3}. \end{cases}$

课堂练习

1. 解方程.

(1) $3x-5=-2x+10$；　　　　(2) $\dfrac{3-x}{2}=\dfrac{x-4}{3}$.

2. 解方程组.

(1) $\begin{cases} 2x-y=5 \\ 3x+2y=8 \end{cases}$；　　　　(2) $\begin{cases} 5x+2y=25 \\ 3x+4y=15 \end{cases}$.

3. 解方程组.

(1) $\begin{cases} x+y=7 \\ xy=12 \end{cases}$；　　　　(2) $\begin{cases} x+y=7 \\ xy=10 \end{cases}$.

习题 1.2

1. 解二次方程（关于 x 的方程）.

(1) $3x^2-x-2=0$；　　　　(2) $x^2-x+1=0$；

(3) $x^2-12x+36=0$；　　　　(4) $5x^2-7x-6=0$.

2. 解下列关于 x,y 的方程组.

(1) $\begin{cases} 3x-y=1 \\ 5x+2y=7 \end{cases}$；　　　　(2) $\begin{cases} x+y=5 \\ xy=6 \end{cases}$；

(3) $\begin{cases} x+y-2=0 \\ x^2-6x-3y=0 \end{cases}$;　　　　(4) $\begin{cases} x-2y-1=0 \\ y^2=x^2-1 \end{cases}$.

3. 关于 x 的二次方程 $8x^2-ax+2b+1=0$,有两个根分别为:3,5,求 a,b 的值.

1.3 一次不等式和不等式组的解集

在初中,我们学过一元一次不等式和不等式组.下面通过解一次不等式的例子,了解一下不等式的有关概念和解法原理.

【例 11】 解不等式 $3(x+2)+\dfrac{x-3}{5}>\dfrac{9x}{2}-1$.

【解】 原不等式两边同乘以 10,得

$$30(x+2)+2(x-3)>45x-10(\text{性质 3}),\qquad (1)$$

$$32x+54>45x-10. \qquad (2)$$

移项整理,得

$$-13x>-64(\text{推论 1}). \qquad (3)$$

两边同乘以 $\left(-\dfrac{1}{13}\right)$,得

$$x<\dfrac{64}{13}(\text{性质 3}). \qquad (4)$$

所以原不等式的解集是 $x<\dfrac{64}{13}$.

从例 11 可以看到,解不等式实际上就是利用数与式的运算法则,以及不等式的性质,对所给的不等式进行变形,并要求变形后的不等式与变形前的不等式的解集相等,直到能直接表明未知数的取值范围为止.能直接表明未知数的取值范围的不等式,叫做最简不等式.解集相等的不等式叫做同解不等式.在例 11 中,不等式(1)、(2)、(3)、(4) 等都是同解不等式,一个不等式变为它的同解不等式的过程,叫做不等式的同解变形.

任何一个一元一次不等式,经过同解变形化为

$$ax>b(a\neq 0)$$

的形式,根据不等式的性质 3,可得

如果 $a>0$,则它的解集是 $x>\dfrac{b}{a}$;

如果 $a<0$,则它的解集是 $x<\dfrac{b}{a}$.

【例 12】 解不等式组.

$$\begin{cases} 20+3x\leqslant 12+2x, & \qquad (1) \\ 5+3x>6+2x. & \qquad (2) \end{cases}$$

【解】 原不等式组中的式(1)和式(2)的解集分别为

$$x \leqslant -8, \quad x > 1.$$

在数轴上表示,如图 1-1 所示.

所以原不等式组无解.

图 1-1

习题 1.3

1. 解下列不等式.

   (1) $x+5>7$；

   (2) $x-3\leqslant 4$；

   (3) $3x-2\leqslant x+1$；

   (4) $5x-3>0$；

   (5) $6-3x>9$；

   (6) $5x+2\leqslant 3x+4$；

   (7) $14-8x<13-2x$；

   (8) $3(x+7)-\dfrac{1}{3}\geqslant 3x-\dfrac{4}{3}$.

2. 解下列不等式.

   (1) $5x+1<3x+1$；

   (2) $\dfrac{3}{2}x+1<4-\dfrac{x}{4}$；

   (3) $5(x-1)>3(x-4)$；

   (4) $1+\dfrac{x}{5}\geqslant 6-\dfrac{x+9}{5}$；

   (5) $\dfrac{3}{7}(x-3)\leqslant x-\dfrac{2}{7}$；

   (6) $-4<2x<4$.

3. 解下列不等式组.

   (1) $\begin{cases} x\geqslant -5 \\ x<0 \end{cases}$；

   (2) $\begin{cases} x\leqslant -3 \\ x\geqslant 0 \end{cases}$；

   (3) $\begin{cases} x\leqslant -7 \\ x<0 \end{cases}$；

   (4) $\begin{cases} x\leqslant -3 \\ x>0 \end{cases}$.

4. 解下列不等式组.

   (1) $\begin{cases} 5x-1>3x+1 \\ 3x+1>2x-1 \end{cases}$；

   (2) $\begin{cases} x+3<4 \\ x+3>-1 \end{cases}$；

   (3) $\begin{cases} x-3>0 \\ x-5<0 \\ 2x+3>0 \end{cases}$.

1.4 二次函数与一元二次不等式的解集

1.4.1 二次函数的性质

我们知道二次函数

$$y=ax^2+bx+c(a\neq 0)$$

的定义域是 **R**,它的图像是一条抛物线,下面我们通过例题来研究这类函数的性质.

【例13】 求作函数 $y=f(x)=\dfrac{1}{2}x^2+4x+6$ 的图像.

【解】 $y=f(x)=\dfrac{1}{2}x^2+4x+6=\dfrac{1}{2}(x^2+8x+12)=\dfrac{1}{2}\left[(x+4)^2-4\right]=\dfrac{1}{2}(x+4)^2-2.$

对于任意实数 x,都有 $\dfrac{1}{2}(x+4)^2\geqslant 0$,则 $f(x)\geqslant -2$,并且当且仅当 $x=-4$ 时取等号,即 $f(-4)=-2$,该函数在 $x=-4$ 时,取最小值 -2,记作 $y_{\min}=-2$.

$y=0$ 时,$x=-6$ 或 $x=-2$,函数的图像与 x 轴相交于两点$(-6,0),(-2,0)$.

$x=-6$ 或 $x=-2$ 也叫做这个二次函数的根.

以 $x=-4$ 为中间值,取 x 的一些值,列出这个函数的对应值表:

x	$\cdots$	-7	-6	-5	-4	-3	-2	-1	$\cdots$
y	$\cdots$	$\dfrac{5}{2}$	0	$-\dfrac{3}{2}$	-2	$-\dfrac{3}{2}$	0	$\dfrac{5}{2}$	$\cdots$

在直角坐标系内画图,如图 1-2 所示.

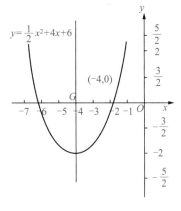

图 1-2

13

从上表和图 1-2 可以发现,关于 $x=-4$ 对称的两个 x 值 $-4-b$ 与 $-4+b(b>0)$ 的函数值相等,事实上,代入 $f(x)=\frac{1}{2}(x+4)^2-2$ 得

$$f(-4-b)=\frac{1}{2}b^2-2,$$

$$f(-4+b)=\frac{1}{2}b^2-2.$$

即 $$f(-4-b)=f(-4+b)$$

可得出该函数的图像是以过点 $G(-4,0)$,且平行于 y 轴的直线为对称轴的轴对称图形.

从例 13 可以看出,为了有目的地列函数值表和画函数的图像,最好先对已知函数作适当的分析,克服盲目性,以便更全面、更本质地反映函数的性质.对任何二次函数

$$y=ax^2+bx+c(a\neq0)$$

都可化为

$$y=a(x+\frac{b}{2a})^2+\frac{4ac-b^2}{4a}$$

$$=a(x+h)^2+k. \tag{1}$$

其中,$h=\frac{b}{2a}$,$k=\frac{4ac-b^2}{4a}$.

从式(1)我们可以得到二次函数的性质如下.

(1) 函数的图像是一条抛物线,抛物线的顶点坐标是 $(-h,k)$,抛物线的对称轴是 $x=-h$;

(2) 当 $a>0$ 时,函数在 $x=-h$ 处取得最小值 $k=f(-h)$;在区间 $(-\infty,-h)$ 上是减函数,在 $(-h,+\infty)$ 上是增函数,函数图像开口向上;

(3) 当 $a<0$ 时,函数在 $x=-h$ 处取得最大值 $k=f(-h)$;在区间 $(-\infty,-h)$ 上是增函数,在 $(-h,+\infty)$ 上是减函数,函数图像开口向下.

从例 13 可以看出,一元二次方程和一元二次不等式与二次函数有着密切的关系.

求二次方程 $ax^2+bx+c=0(a\neq0)$ 的解,就是求二次函数 $y=ax^2+bx+c(a\neq0)$ 的根;求不等式 $ax^2+bx+c<0(a\neq0)$ 的解集,就是求二次函数 $y=ax^2+bx+c(a\neq0)$ 的函数值小于零的自变量的取值范围.

1.4.2 一元二次不等式

通常,称含有一个未知数并且未知数的最高次数是二次的不等式叫做**一元二次不等式**,一般形式为

$$ax^2+bx+c>0 \text{ 或 } ax^2+bx+c<0(a\neq0) \tag{1}$$

不等式(1)中的">","<"可以换成"≥"或"≤".

使一个不等式成立的未知数 x 所取的每一个值叫做这个不等式的一个解,一个不等式所有解组成的集合叫做不等式的解集,求一个不等式的解集叫做解不等式.

从函数的观点来看,一元二次不等式 $ax^2+bx+c>0(a\neq0)$ 的解集,就是二次函数

$y=ax^2+bx+c(a\neq0)$的图像在 x 轴上方部分的点的横坐标 x 的集合.

由此可见,利用二次函数的图像就可以解一元二次不等式,具体关系如下表所示.

判别式 $\Delta=b^2-4ac$	$\Delta>0$	$\Delta=0$	$\Delta<0$
二次函数 $y=ax^2+bx$ $+c(a>0)$的图像			
一元二次方程 $ax^2+bx+c=0$ $(a\neq0)$的根	有相异两实根 $x_{1,2}=-\dfrac{b}{2a}\pm\dfrac{\sqrt{b^2-4ac}}{2a}$	有两相等实根 $x_1=x_2=-\dfrac{b}{2a}$	无实根
一元二次不等式的解集 $ax^2+bx+c>0$ $(a>0)$	$x<x_1$ 或 $x>x_2$, 且 $x_1<x_2$	$x\neq-\dfrac{b}{2a}$	全体实数
$ax^2+bx+c<0$ $(a>0)$	$x_1<x<x_2$, 且 $x_1<x_2$	无解	无解

一元二次不等式的图解法的过程.

(1) 将不等式化为标准形式.

①$ax^2+bx+c>0(a>0)$或②$ax^2+bx+c<0(a>0)$.

(2) 解方程 $ax^2+bx+c=0$.

如果解得两根 x_1、x_2 且 $x_1<x_2$(此时 $\Delta>0$),则①的解在"两根之外"即"大于大根,小于小根",$x>x_2$ 或 $x<x_1$;不等式②的解在"两根之间"即 $x_1<x<x_2$.

如果方程有两等根 $x_1=x_2$(此时 $\Delta=0$),则不等式①的解集为:

$x\neq x_1$,$x\neq x_2$;不等式②无解.

如果方程无实根(此时 $\Delta<0$),则不等式①的解集为全体实数;不等式②无解.

一般地解出方程 $ax^2+bx+c=0(a\neq0)$的解后,画出相应的二次函数 $y=ax^2+bx+c$ $(a\neq0)$的草图,以帮助自己写出不等式的解集.

关于$(x-a)(x-b)>0$ 型和$\dfrac{x-a}{x-b}>0$ 型不等式转化为一次不等式组的解法.

(1) $(x-a)(x-b)>0$ 型不等式解法:

二次不等式$(x-a)(x-b)>0$ 可以转化为一次不等式组$\begin{cases}x-a>0\\x-b>0,\end{cases}$ 或 $\begin{cases}x-a<0\\x-b<0.\end{cases}$

二次不等式$(x-a)(x-b)<0$ 可以转化为$\begin{cases}x-a>0\\x-b<0,\end{cases}$ 或 $\begin{cases}x-a<0\\x-b>0.\end{cases}$

这样就将一个二次不等式问题转化为一元一次不等式组的问题.

(2) $\dfrac{x-a}{x-b}>0$ 型不等式解法:

不等式 $\dfrac{x-a}{x-b}>0$ 与 $(x-a)(x-b)>0$ 等价,$\dfrac{x-a}{x-b}<0$ 与 $(x-a)(x-b)<0$ 等价,同样可以转化为一元一次不等式组来解,或者用图解法.

【例 14】 解不等式 $-3x^2+6x>2$.

【解】 两边都乘 -1,并移项,得

$$3x^2-6x+2<0$$

因为 $\Delta>0$,方程 $3x^2-6x+2=0$ 的解是

$$x_1=1-\frac{\sqrt{3}}{3},\ x_2=1+\frac{\sqrt{3}}{3}$$

即原不等式的解集为 $1-\dfrac{\sqrt{3}}{3}<x<1+\dfrac{\sqrt{3}}{3}$.

由此题可归纳出解一元二次不等式的一般步骤是:

(1) 化为标准型;

(2) 计算对应方程的判别式;

(3) 求根得解集;

(4) 写出解集.

习题 1.4

1. 解下列不等式.

(1) $x^2\leqslant 4$;　　　　　　　　　　(2) $x^2>4$;

(3) $(x+1)^2\leqslant 16$;　　　　　　　(4) $(x+1)^2>16$;

(5) $(3x+1)^2\leqslant 9$;　　　　　　　(6) $(3x+1)^2>9$;

(7) $(7x-3)^2<25$;　　　　　　　(8) $(3-7x)^2\geqslant 25$.

2. 解下列不等式.

(1) $(x-2)^2\geqslant 16$;　　　　　　　(2) $(x-2)^2<16$;

(3) $x^2-3x-4>0$;　　　　　　　(4) $x^2-3x-4\leqslant 0$;

(5) $x^2+7x+12\geqslant 0$;　　　　　　(6) $x^2+7x+12<0$.

3. 画出下列函数的图像,并写出它们的顶点坐标.

(1) $y=x^2-3x+4$;　　　　　　　(2) $y=-\dfrac{1}{2}x^2+2x+1$.

4. 求出下列函数的最小值或最大值.

(1) $y=3x^2+6x+5$;　　　　　　　(2) $y=-3x^2-5x-2$;

(3) $y=x^2-4x+3$;　　　　　　　(4) $y=-\dfrac{1}{2}x^2+2x-1$.

1.5 指数与对数的运算

1.5.1 指数的运算

在 1.1 节数的运算中,我们已经复习了整数指数幂的意义及运算法则,并学习了方根的概念. 现在,我们将在此基础上对上述的运算进行总结,并推广指数幂的概念,最后得出有理数指数幂的意义和运算法则.

有理数指数幂

有了 n 次方根的概念,我们就可以把整数指数幂推广到有理指数幂. 应用幂的运算法则可知

$$(a^{\frac{3}{4}})^4 = a^{\frac{3}{4} \times 4} = a^3 \tag{1}$$

又因为

$$(\sqrt[4]{a^3})^4 = a^3 \tag{2}$$

比较式(1)与式(2)可知: $a^{\frac{3}{4}} = \sqrt[4]{a^3}$.

一般地,我们规定

$a^{\frac{m}{n}} = \sqrt[n]{a^m}(\frac{m}{n}$ 为既约分数, m、n 都是正整数)

其中,当 n 为偶数时, $a \geqslant 0$;当 n 为奇数时, a 为任意实数.

等式 $a^{\frac{m}{n}} = \sqrt[n]{a^m}$ 的左边是指数的形式,右边是根式的形式,根据需要可以相互转换. 例如, $5^{\frac{2}{3}}$ 可以表示成 $\sqrt[3]{5^2}$, $\sqrt[7]{14^5}$ 也可表示成 $14^{\frac{5}{7}}$.

我们同样要规定负分数指数幂的意义. 设 $a \neq 0$, n、m 都是正整数且 $n > 1$,我们规定

$a^{-\frac{m}{n}} = \dfrac{1}{a^{\frac{m}{n}}}(\frac{m}{n}$ 为既约分数, m、n 都是正整数)

这样,我们就把整数指数幂的概念推广到了有理数指数幂。上述的整数指数幂的运算法则,对于有理数指数幂也同样适用,但需注意法则中出现的每一个有理数指数幂都应有意义. 在这一前提下,对于任意有理数 p、q,有

法则 1　$a^p \cdot a^q = a^{p+q}$

法则 2　$(a^q)^p = a^{q \cdot p}$

法则 3　$(a \cdot b)^p = a^p \cdot b^p$

【例 15】　求有理指数幂的值: $\left(\dfrac{1}{4}\right)^{-2}$, $0.001^{\frac{1}{3}}$.

【解】　$\left(\dfrac{1}{4}\right)^{-2} = (2^{-2})^{-2} = 2^{(-2) \cdot (-2)} = 2^4 = 16$

$0.001^{\frac{1}{3}} = (10^{-3})^{\frac{1}{3}} = 10^{-1} = \dfrac{1}{10}$

【例 16】　求值：$2\sqrt{3}\times\sqrt[3]{1.5}\times\sqrt[6]{12}$.

【解】　$2\sqrt{3}\times\sqrt[3]{1.5}\times\sqrt[6]{12}=2\times3^{\frac{1}{2}}\times\left(\dfrac{3}{2}\right)^{\frac{1}{3}}\times12^{\frac{1}{6}}$

$$=2\times3^{\frac{1}{2}}\times(3\times2^{-1})^{\frac{1}{3}}\times(2^2\times3)^{\frac{1}{6}}$$

$$=2\times3^{\frac{1}{2}}\times3^{\frac{1}{3}}\times2^{(-1)\times\frac{1}{3}}\times2^{2\times\frac{1}{6}}\times3^{\frac{1}{6}}$$

$$=2\times2^{-\frac{1}{3}}\times2^{\frac{1}{3}}\times3^{\frac{1}{2}}\times3^{\frac{1}{3}}\times3^{\frac{1}{6}}$$

$$=2^1\times2^{-\frac{1}{3}+\frac{1}{3}}\times3^{\frac{1}{2}+\frac{1}{3}+\frac{1}{6}}$$

$$=2^1\times3^1$$

$$=6$$

课堂练习

1. 计算下列有理指数幂的值.

$81^{\frac{3}{4}}$，$32^{\frac{2}{5}}$，$(-32)^{\frac{5}{3}}$，$(0.001)^{\frac{3}{2}}$.

2. 用计算器计算下列各式的近似值（精确到 0.001）.

$\sqrt[4]{12^3}$，$\dfrac{1}{\sqrt[8]{7^5}}$，$16^{1.4}$.

1.5.2　对数的运算

在代数式 $a^b=N$ 中有 a、b、N 三个量，若已知其中两个量，就可以求出第三个量. 已知 a、b 求 N 是乘方运算；已知 b、N 求 a 是开方运算；已知 a、N 求 b 是什么运算呢？例如：已知 $2^x=8$，求 x. 它们都是已知底数和幂值，求指数的运算. 由于 $2^3=8$，所以式中的 $x=3$，但 $2^x=5$ 中的 x 是多少呢？要想顺利地解决这个问题，还需要学习新的知识：对数.

1. 对数的定义

一般地，在式 $a^b=N(a>0,a\ne1)$ 中，称 b 为以 a 为底 N 的对数. 并且把 b 记为 $\log_a N$，即

$$\log_a N=b$$

其中 a 称为对数的底数（简称底），N 称为真数.

例如，$\log_{\frac{1}{2}}2=-1$ 中，$\dfrac{1}{2}$ 为底数，2 为真数，-1 叫做以 $\dfrac{1}{2}$ 为底 2 的对数值. 通常，我们称式 $a^b=N$ 为指数式，称 $\log_a N=b$ 为对数式. 例如指数式 $2^x=5$，可以写成对数式 $x=\log_2 5$；对数式 $\log_2 8=3$ 的指数式为 $2^3=8$.

由于 $a>0$，所以，a^b 总是正数，即零和负数没有对数. 由于 $a^0=1$，所以 $\log_a 1=0$，即 1 的对数等于 0. 由于 $a^1=a$，所以以 a 为底 a 的对数等于 1.

2. 对数恒等式

$$a^{\log_a N}=N$$

【例 17】　求下列各式的值.

(1) $\log_3 1$;   (2) $5^{\log_5\sqrt{2}}$.

【解】

(1) $\log_3 1 = 0$;   (2) $5^{\log_5\sqrt{2}} = \sqrt{2}$.

【例 18】 求下列对数的值.

(1) $\log_2 8$;   (2) $\log_2 \dfrac{1}{4}$.

【解】

(1) 因为 $2^3 = 8$,所以 $\log_2 8 = 3$.

(2) 因为 $2^{-2} = \dfrac{1}{4}$,所以 $\log_2 \dfrac{1}{4} = -2$.

3. 对数的运算法则

设 $a > 0$,$a \neq 1$,M、N 都是正实数,则有:

法则 1 $\log_a(M \cdot N) = \log_a M + \log_a N$

法则 2 $\log_a \dfrac{M}{N} = \log_a M - \log_a N$

法则 3 $\log_a M^P = P \cdot \log_a M$

【例 19】 求 $\log_2 32$ 和 $\log_2 \sqrt{128}$ 的值.

【解】 $\log_2 32 = \log_2 2^5 = 5$

$$\begin{aligned}
\log_2 \sqrt{128} &= \log_2 128^{\frac{1}{2}} = \frac{1}{2}\log_2 128 \\
&= \frac{1}{2}(\log_2 32 + \log_2 4) \\
&= \frac{1}{2}(\log_2 2^5 + \log_2 2^2) \\
&= \frac{1}{2}(5 + 2) \\
&= \frac{1}{2} \times 7 = \frac{7}{2}
\end{aligned}$$

【例 20】 求 $\log_3 \dfrac{1}{9}$ 的值.

【解】 $\log_3 \dfrac{1}{9} = \log_3 1 - \log_3 9 = 0 - 2 = -2$

4. 常用对数

我们把以 10 为底的对数称为常用对数. 通常把 $\log_{10} N$ 简记为 $\lg N$.

常用对数的求值可以直接查《常用对数表》进行求值, 也可用计算器进行求值. 用计算器求 $\lg 42.52$(精确到 0.01), 按键顺序下:

屏幕显示   1.628593256

因此 $\lg 42.52 \approx 1.63$

5. 自然对数

以无理数 $e \approx 2.71828$ 为底的对数称为自然对数. 把 $\log_e N$ 简记为 $\ln N$.

在科学技术中用得更多的是自然对数. 自然对数的求值可以直接查《自然对数表》进行求值，也可用计算器进行求值. 用计算器求 $\ln 23.04$（精确到 0.01），按键顺序如下：

$$\boxed{\text{CE}}\ \boxed{2}\ \boxed{3}\ \boxed{\cdot}\ \boxed{0}\ \boxed{4}\ \boxed{\ln}$$

屏幕显示 　　　　　　　　　　$\boxed{3.137231836}$

因此 　　　　　　　　　　　$\ln 23.04 \approx 3.14$

6. 换底公式

如何求 $\log_a N (a > 0, a \neq 1)$ 呢？由于计算器上求对数的键只有 $\boxed{\log}$ 键和 $\boxed{\ln}$ 键，因此，很自然地要把求 $\log_a N$ 的问题转化为求常用对数（或自然对数）.

为此，我们给出对数的换底公式：

设 $a > 0$，$a \neq 1$，N 是正数，则

$$\log_a N = \frac{\lg N}{\lg a} \tag{1}$$

$$\log_a N = \frac{\ln N}{\ln a} \tag{2}$$

例如，用计算器求 $\log_2 5$. 由于 $\log_2 5 = \frac{\lg 5}{\lg 2} = \frac{\ln 5}{\ln 2}$，

用计算器计算，按键顺序为：

$$\boxed{\text{CE}}\ \boxed{5}\ \boxed{\log}\ \boxed{\div}\ \boxed{2}\ \boxed{\log}\ \boxed{=}$$

或

$$\boxed{\text{CE}}\ \boxed{5}\ \boxed{\ln}\ \boxed{\div}\ \boxed{2}\ \boxed{\ln}\ \boxed{=}$$

显示结果为 2.321928095.

【例 21】 用计算器计算下列对数的值（精确到 0.01）.

(1) $\log_{1.15} 2$；　　　　(2) $\log_{1.036} 1.5$.

【解】

(1) $\log_{1.15} 2 = \dfrac{\lg 2}{\lg 1.15} \approx 4.96$；

(2) $\log_{1.036} 1.5 = \dfrac{\lg 1.5}{\lg 1.036} \approx 11.46$.

课堂练习

1. 请写出下列指数式相应的对数式，并指出底数和真数.

$$2^2 = 4, \ 3^3 = 27, \ 2^{-3} = \frac{1}{8}, \ 3^{-2} = \frac{1}{9}, \ \left(\frac{1}{2}\right)^{-4} = 16.$$

2. 求下列对数值.

$$\log_{10} 1, \ \log_2 16, \ \log_3 \sqrt{243}, \ \log_4 \frac{1}{16}, \ \log_2 (16^3 \div 8^4).$$

3. 用计算器计算下列对数的值（精确到 0.01）.

$\lg \dfrac{1}{2}$，$\ln 5$，$\ln 0.56$，$\log_5 0.752$，$\log_{\frac{1}{2}} 13$.

习题 1.5

1. 计算下列有理数指数幂的值.

(1) $27^{\frac{4}{3}}$； (2) $16^{-\frac{5}{4}}$； (3) $(-\dfrac{243}{32})^{\frac{3}{5}}$； (4) $(\dfrac{27}{1000})^{\frac{2}{3}}$.

2. 用计算器计算下列各式的近似值(精确到 0.001).

(1) $\sqrt[5]{14^2}$； (2) $\sqrt[8]{24}$； (3) $16^{1.4}$； (4) $1.5^{1.5}$.

3. 求下列对数值.

(1) $\log_3 9$； (2) $\log_2 1$； (3) $5^{\log_5 4}$； (4) $\dfrac{1}{2}\log_8 64$； (5) $\log_4 128$；

(6) $\log_5 \sqrt{125}$； (7) $\dfrac{2}{3}\log_3 27$； (8) $\log_2 256$.

4. 用计算器计算下列对数的值:(精确到 0.01).

(1) $\ln 8$； (2) $\lg \dfrac{1}{3}$； (3) $\log_5 0.001$； (4) $\log_{\frac{1}{3}} 5$.

本章小结与复习

一、内容提要

1. 本章的主要内容有数(式)的运算、解方程(组)、解不等式(组)、指数和对数的运算.

2. 在数(式)的运算中我们学习巩固了有理数、无理数，实数及数轴、倒数、相反数、绝对值及绝对值的几何与代数意义. 并在这些内容的基础上掌握了幂的运算性质及法则、因式分解，进一步学习了分式的运算以及数的开方和乘方运算. 数的运算中我们还学习了用计算器计算.

3. 在解方程(组)中，解一次方程我们采取通分→移项→整理成 $ax=b$ 的形式→化 x 的系数为1，采用这种方法来解一元一次方程. 解一元二次方程我们采用的方法：①直接开平方法②配方法③公式法④因式分解法. 解二元二次方程组时，主要以化二元为一元为指导思想，一般采用加减消元法和代入消元法来达到目的.

4. 指数和对数的运算中，幂的形式中指数推广到了有理数，有理数指数幂的运算法则与整数指数幂的运算法则相同. 对数式是由指数式定义出来，对数的运算及对数的恒等式是可以通过指数式的运算得到证明. 两个特殊的对数：常用对数(以 10 为底数的对数)，自然对数(以无理数 e 为底数的对数)，换底公式 $\log_a N = \dfrac{\log_m N}{\log_m a}(m>0$ 且 $m\neq 1)$.

二、学习要求和需要注意问题

1. 学习要求

（1）掌握有理数、无理数、实数及数轴、倒数、相反数、绝对值，理解幂的运算性质及法则，掌握简单的因式分解，理解分式的运算以及数的开方和乘方，可以熟练地使用计算器计算.

（2）掌握一元二次方程的解法，了解含参数的一元二次方程的解法，掌握简单的二元二次方程组的解法，理解多元方程组的解题思想——消元.

（3）掌握简单的指数运算. 理解对数的运算及恒等式、常用对数和自然对数，了解对数的换底公式.

2. 需要注意的问题

（1）对于数式运算要特别注意适用条件，例如：0 没有倒数；负数没有偶次方根；对数的底数大于 0 且≠1，真数大于 0 等.

（2）注意体会本章对学习数学代数部分的作用.

三、参考例题

【例 22】 选择题.

（1）在数轴上，规定原点向右为正方向和单位长度后，原点右边的数比原点左边的数（   ）.

A. 大　　　　　　B. 小　　　　　　C. 相等　　　　　　D. 无法比较

（2）若 $x>0$，$|x|=\sqrt{3}$ 则 $x=$（   ）.

A. $-\sqrt{3}$　　　　B. $\pm\sqrt{3}$　　　　C. $\sqrt{3}$　　　　D. $|\sqrt{3}|$

（3）分式 $\dfrac{x-2}{x+2}$ 有意义则（   ）.

A. $x\neq 2$　　　　B. $x\neq -2$　　　　C. 没有要求　　　　D. $x\neq \pm 2$

【例 23】 若 $8x^2-(a-1)x-k-7=0$ 有一根为 0，则 $k=$_____另外一根为_____.

复 习 题 一

一、填空题

1. 若 a,b 互为相反数，则 $a+b=$_____；

2. 16 的平方根是_____；-125 的立方根_____；

3. 若分式 $\dfrac{x^2-1}{3x+2}$ 的值是 0，则 $x=$_____；

4. $(-64)^{\frac{2}{3}}=$_____；

5. 若 $\log_2 5 = h$，则 lg2 = _____；

6. 一元二次方程 $x^2 - 4x - 5 = 0$ 的解是_____.

二、选择题

1. 在数轴上，到原点的距离等于 4 个单位长度的点，表示的数是(   ).

  A. 4   B. −4   C. ±4   D. $|\pm 4|$

2. 若分式 $\dfrac{a^2 - a - 2}{a + 1}$ 的值为 0，则 a 的值是(   )

  A. 1   B. −1   C. 2   D. 2 或 −1

3. 如果 $x^2 - px + q = (x + a)(x + b)$，那么 p 等于(   )

  A. $a + b$ B. $-(a + b)$ C. ab D. $-ab$

三、解答题

1. 利用运算法则, 计算下列分数指数幂的值.

  $27^{\frac{2}{3}}$；$81^{\frac{1}{4}}$；$32^{\frac{3}{5}}$；$-(243)^{\frac{2}{5}}$；$32^{-\frac{2}{5}}$；$(0.001)^{-\frac{2}{3}}$.

2. 用计算器计算下列各数的近似值.

  $\sqrt{213}$；$\sqrt[3]{121}$；$\sqrt[7]{127^3}$；$\dfrac{1}{\sqrt[4]{47^3}}$；$\ln 12.65$；$\lg 237$；$\log_{\frac{1}{2}} 56$；$\log_6 5.48$.

3. 计算 $4\lg 2 + 3\lg 5 - \lg \dfrac{1}{5}$.

4. 当 a 为何值时, 一元二次方程 $x^2 + 2(a-4)x + a^2 + 1 = 0$ 有两个不同的实数根.

5. 解方程组 $\begin{cases} x^2 - 4y^2 + x + 3y = 1 \\ 2x + y = 1 \end{cases}$.

阅 读 材 料

用木棍测量金字塔的塞乐斯

  塞乐斯是古希腊第一位闻名世界的大数学家. 他原是一位很精明的商人, 靠卖橄榄油积累了相当多的财富后, 便专心从事科学研究. 他勤奋好学, 不迷信权威, 勇于创新. 他的家乡离埃及不太远, 所以他常去埃及旅行. 在那里, 塞乐斯认识了古埃及人在几千年间积累的丰富数学知识.

  他游历埃及时, 曾用一种巧妙的方法算出了金字塔的高度, 使古埃及国王阿美西斯钦慕不已. 塞乐斯是怎样测量的呢?

  在一个晴朗的日子里, 塞乐斯和助手们来到要测量的金字塔附近. 阳光中, 巍峨的金字塔在戈壁上投下了巨大的阴影. 塞乐斯他们除了携带有大型测量工具外, 还带了一根小木棍. 前来观看的人都很奇怪: 那些测量工具根本无法架设到高耸而又表面平整的金字塔上, 难道塞乐斯所拿的那根木棍是魔杖, 用它就能完成不可能的事情? 在人们疑惑的时候, 塞乐斯和助手们将小木棍插到了金字塔附近的沙地上．他们先测量了小木棍露出地面的高度以及它的影长，随即又在金字塔的阴影里铺设了测量工具．塞乐斯的测量并未就此完成，他和助手们每隔一段时间就测量一次小木棍的影长，当测量出小木棍的影长与露出地面的高度相等时，塞乐斯和助手们马上读出了金字塔的影长．塞乐斯宣布：这个影长就是金字塔的高度．他解释说，由于阳光照射地面的角度是一致的，所以当木棍的影长等于露出地面的高度时，金字塔的影长也恰好等于它自身的高度．

第2章

集合与函数

在你的生活中处处有"整体"的概念.

乐天家电商场 10 月份的进货品种为：电视机、洗衣机、冰箱、微波炉、饮水机共 5 种，11 月份的进货品种为饮水机、洗衣机、加湿器、微波炉共 4 种. 你考虑过乐天商场 10 月和 11 月进货品种的"整体"共有多少种吗？学了这章知识后，我们就能正确地解决这类问题.

本章我们将学习集合与函数的概念、函数的性质、几种常见的函数及其应用. 这些知识都是进一步学习数学和其他科学知识的基础.

2.1 集 合

2.1.1 集合及其表示法

首先完成下面几个问题.

请你在题目后的横线上写出满足下面条件的事物.

(1) 5 以内的所有自然数：_____.

(2) 图 2-1 中所有标出的点的坐标：

_____.

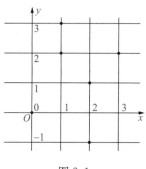

图 2-1

你能写出满足下面条件的所有事物吗？

(3) 不等式 $x-2<0$ 的所有实数解.

(4) 超市里的所有食品.

你一定看出了(1)、(2)、(3)、(4) 分别是由一些自然数、一些点、一些实数、一些食品等对象组成的整体.

一般地，把由某些确定的对象组成的整体叫做集合(简称集). 例如，上面给出的四组对象的整体都是集合.

集合里的每个对象叫做这个集合的元素.

【说明】 （1）中的 0 是自然数.

（3）表示由每一个小于 2 的实数组成的集合，其中−0.5，0，1，−3，−10 等都是这个集合中的元素，除了上述元素外，这个集合还有无限多个元素.

【例1】 考察下列每组对象能否构成一个集合.

（1）著名的数学家；

（2）某校 2006 年在校的所有高个子同学；

（3）不超过 20 的非负数；

（4）方程 $x^2-9=0$ 在实数范围内的解；

（5）直角坐标平面内第一象限的一些点.

【分析】 集合是一组对象的全体,因此观察一组对象能否构成集合,关键是看这组对象是否是确定的.

【解】 对（1）"著名的数学家"无明确的标准,对于某个人是否"著名"无法客观地判断,因此"著名的数学家"不能构成一个集合,类似地（2）也不能构成集合.对（3）任给一个实数 x,可以明确地判断是不是"不超过 20 的非负数",即"$0\leqslant x\leqslant 20$"与"$x>20$,或 $x<0$",两者必居其一,且仅居其一,故"不超过 20 的非负数"能构成集合,类似地（4）也能构成集合.对（5）"一些点"无明确的标准,对于某个点是否在"一些点"中无法确定,因此"直角坐标平面内第一象限的一些点"不能构成集合.

集合通常用大写字母 A，B，C，…等表示. 元素通常用小写字母 a，b，c，…等表示.

如果 a 是集合 A 中的元素，就说 a 属于集合 A，记作 $a\in A$；

如果 b 不是集合 A 中的元素，就说 b 不属于集合 A，记作 $b\notin A$.

【例2】 如果字母 A 表示 5 以内所有自然数组成的集合，字母 B 表示不等式 $2x+3>1$ 的所有实数解组成的集合，请用符合 $\in$ 或 $\notin$ 填空.

（1）0 _____ A；　　（2）1.5 _____ A；　　（3）6 _____ A；

（4）$-\dfrac{1}{3}$ _____ B；　　（5）−1 _____ B；　　（6）$\sqrt{2}$ _____ B.

【解】 （1）$0\in A$；　　（2）$1.5\notin A$；　　（3）$6\notin A$；

（4）$-\dfrac{1}{3}\in B$；　　（5）$-1\notin B$；　　（6）$\sqrt{2}\in B$.

由数组成的集合叫做数集. 常见的数集有：

自然数集. 记作 $\mathbf{N}$（全体自然数的集合）；

正整数集. 记作 $\mathbf{N}^*$（全体正整数的集合）；

整数集. 记作 $\mathbf{Z}$（全体整数的集合）；

有理数集. 记作 $\mathbf{Q}$（全体有理数的集合）；

实数集. 记作 $\mathbf{R}$（全体实数的集合）.

【例3】 用符号"$\in$"和"$\notin$"填空.

2 _____ $\mathbf{N}$　　−1 _____ $\mathbf{N}$　　$\dfrac{1}{2}$ _____ $\mathbf{N}$　　π _____ $\mathbf{N}$

2 _____ $\mathbf{Z}$　　−1 _____ $\mathbf{Z}$　　$\dfrac{1}{2}$ _____ $\mathbf{Z}$　　π _____ $\mathbf{Z}$

27

2 _____ **Q** -1 _____ **Q** $\dfrac{1}{2}$ _____ **Q** π _____ **Q**

2 _____ **R** -1 _____ **R** $\dfrac{1}{2}$ _____ **R** π _____ **R**

【解】 $\in$ $\notin$ $\notin$ $\notin$

$\in$ $\in$ $\notin$ $\notin$

$\in$ $\in$ $\in$ $\notin$

$\in$ $\in$ $\in$ $\in$

如果一个集合含有有限个元素,我们称这个集合为有限集.

如果一个集合含有无限个元素,我们称这个集合为无限集.

课堂练习

1. 选择题.

(1) ①"全体著名文学家"构成一个集合;②集合{0}中不含元素;③{1,2},{2,1}是不同的
集合. 上面三个叙述中,正确的个数是 （　　）

A. 0   B. 1   C. 2   D. 3

(2) 若 a 是 **R** 中的元素,但不是 **Q** 中的元素,则 a 可以是 （　　）

A. 3.14   B. -5 C. $\dfrac{3}{7}$ D. $\sqrt{7}$

(3) 给出以下 4 个句子,其中能构成集合的个数为 （　　）

①某中学的男生;

②你所在班中身高超过 1.80 米的同学;

③2008 年北京奥运会中的比赛项目;

④{1,1,3,5}

A. 1   B. 2   C. 3   D. 4

(4) 给出下面 4 个关系: $\pi \in \mathbf{R}$, $\dfrac{1}{3} \notin \mathbf{Q}$, $0 \in \{0\}$, $0 \in \mathbf{N}^*$, 其中正确的个数是 （　　）

A. 4 个   B. 3 个   C. 2 个   D. 1 个

(5) 已知集合 $M=\{$大于 -2 且小于 1 的实数$\}$,则下列关系式正确的是 （　　）

A. $\sqrt{5} \in M$ B. $0 \notin M$ C. $1 \in M$ D. $-\dfrac{\pi}{2} \in M$

(6) 给出下面五个关系: $3 \in \mathbf{R}$, $0.7 \notin \mathbf{Q}$, $0 \in \{0\}$, $0 \in \mathbf{N}$, $3 \in \{(2,3)\}$, 其中正确的个数是
（　　）

A. 5   B. 4   C. 3   D. 1

2. 写出下列集合的元素.

(1) 方程 $5x-2=8$ 的解集;

(2) 平方后等于 1 的实数组成的集合;

(3) 大于 2 且小于 10 的质数组成的集合.

3. 用符号"$\in$"或"$\notin$"填空.

(1) -2 _____ **N**；   (2) 5 _____ **Z**；   (3) $\sqrt{4}$ _____ **Q**；

(4) 0 _____ **R**；   (5) -2.4 _____ **Q**；   (6) $\dfrac{10}{3}$ _____ **Q**；

(7) $\sqrt{5}$ _____ **R**；   (8) 1 _____ $\{1\}$；   (9) a _____ $\{a,b,c\}$；

(10) e _____ $\{a,b\}$；   (11) 0 _____ **N***；   (12) π _____ **Q**；

(13) $\sqrt{3}$ _____ **R**.

请在下面的大括号中写出各集合的元素，每个元素之间用逗号"，"分隔.

(1) 表示由数字 1，2，3，4 组成的集合：$\{$ $\}$.

(2) 中国古代四大发明的集合：$\{$ $\}$.

将集合中的元素一一列举出来，写在大括号$\{$　$\}$内，这种表示集合的方法叫做列举法.

【例4】 用列举法表示下列集合.

(1) 方程 $x+2=0$ 的解集；

(2) 方程 $x^2-5x+6=0$ 的解集；

(3) 平方后等于 4 的实数.

【解】 (1) 因为方程 $x+2=0$ 的解是 $x=-2$，所以方程 $x+2=0$ 的解集是 $\{-2\}$；

(2) 因为方程 $x^2-5x+6=0$ 的解是 $x_1=2$，$x_2=3$，所以方程 $x^2-5x+6=0$ 的解集是 $\{2,3\}$；

(3) 因为平方后等于 4 的实数是 -2 和 2，所以平方后等于 4 的实数的集合为 $\{-2,2\}$.

【注意】 (1) 集合 $\{1,2,3,4\}$ 也可以写成 $\{2,4,1,3\}$，即元素之间的无序性，但不能写成 $\{1,1,2,3,4\}$ 等，即元素之间的互异性.(2)元素之间用逗号"，"分隔.

【注意】 用列举法表示集合时，当集合中的元素较多时，可以只写出几个，其他元素用省略号来表示，例如小于 100 的正偶数组成的数集可表示为 $\{2,4,6,8,\cdots,98\}$.

问：不等式 $x-2>1$ 的所有实数解组成的集合，能不能用列举法表示呢？

上面的实例就不可以用列举法来表示.

为了表示出整体的意思，我们仍然把元素放在$\{$　$\}$内，同时把元素满足的条件也写在$\{$　$\}$内，不等式 $x-2>1$ 的所有实数解组成的集合可以表示为

$$\{x \mid x-2>1,\ x\in \mathbf{R}\}.$$

将集合中的所有元素的共同性质描述出来，写在大括号$\{$　$\}$内，这种表示集合的方法叫做描述法.

用描述法表示集合的一般形式是

$$\{x \mid x \text{ 具有的共同性质}\}$$

【注意】 元素与性质之间用竖线"|"分隔.其中，大括号内竖线左边为集合中元素的代表符号，竖线右边为集合中元素的共同性质.

例如，不等式 $2x-1>-4$ 的解集，可表示为 $\{x \mid 2x-1>-4,\ x\in \mathbf{R}\}$.

在本教材中，若无特殊说明，上述表示法中的 $x\in \mathbf{R}$ 均省略不写.

【例5】 用描述法表示下列集合.

29

（1）大于 0 的偶数；

（2）不大于 3 的所有实数.

【解】（1）大于 0 的偶数即正偶数是 2，4，6，8，…观察这些数，它们可以写成 2×1，2×2，2×3，2×4，…，其中第 n 个偶数可写成 $2n(n\in \mathbf{N}^*)$，因此大于 0 的偶数集合用描述法可以表示为 $\{x|x=2n$，且 $n\in \mathbf{N}^*\}$.

（2）不大于 3 的所有实数组成的集合为 $\{x|x\leqslant3\}$.

【例 6】 用适当的方法表示下列集合.

（1）方程 $(x+1)\left(x-\dfrac{2}{3}\right)^2(x^2-2)(x^2+1)=0$ 的有理根的集合 A；

（2）坐标平面内，不在第一、三象限的点的集合；

（3）方程组 $\begin{cases}2x-3y=0\\3x-y=7\end{cases}$ 的解集；

（4）到两坐标轴距离相等的点.

【解】（1）由 $(x+1)(x-\dfrac{2}{3})^2(x^2-2)(x^2+1)=0$，得 $x=-1\in \mathbf{Q}$，$x=\dfrac{2}{3}\in \mathbf{Q}$，$x=\pm\sqrt{2}\notin \mathbf{Q}$.

∴ $A=\{-1,\dfrac{2}{3}\}$

（2）坐标平面内在第一、三象限的点的特点是纵、横坐标同号，所以不在第一、三象限的点的集合可表示为 $\{(x,y)|xy\leqslant0,x\in \mathbf{R},y\in \mathbf{R}\}$.

（3）$\{(x,y)|\begin{cases}2x-3y=0\\3x-y=7\end{cases}=(3,2)\}$.

（4）$\{(x,y)||y|=|x|,x\in \mathbf{R}\}$.

用什么方法表示方程 $x^2+1=0$ 的所有实数解组成的集合呢？这个集合的元素是什么呢？

因为方程 $x^2+1=0$ 在实数范围内无解，所以方程 $x^2+1=0$ 的解集中没有任何元素.

我们规定，不含任何元素的集合叫做空集，用符号 ∅ 表示.

因此方程 $x^2+1=0$ 的解集是空集.

课堂练习

1. 选择题.

（1）给定如下 4 个集合，其中属于无限集的是：　　　　　　　　（　　）

①{我国 2000 年实行高一版新教材改革试验的省市}；

②{小于 π 的正有理数}；

③{全日制普通高级中学教科书（试验本）数学第一册中的汉字}；

④{河北省第一中学高一年级的学生}.

　　A. ①④　　　　B. ②　　　　C. ②④　　　　D. ①②

（2）下列集合中表示空集的是：　　　　　　　　　　　　　　（　　）

A. $\{x \in \mathbf{R} \mid x+5=5\}$

B. $\{x \in \mathbf{R} \mid x+5>5\}$

C. $\{x \in \mathbf{R} \mid x^2=0\}$

D. $\{x \in \mathbf{R} \mid x^2+x+1=0\}$

(3) 集合 $A=\{x^2, 3x+2, 5y^3-x\}$，$B=\{$周长等于 20 cm 的三角形$\}$，$C=\{x \in \mathbf{R} \mid x-3<2\}$，$D=\{(x,y) \mid y=x^2$ 且 $1\}$，其中用描述法表示的集合有( )个.   ( )

A. 1个   B. 2个   C. 3个   D. 4个

(4) 方程组 $\begin{cases} 3x+y=2 \\ 2x-3y=27 \end{cases}$ 的解集是   ( )

A. $\begin{cases} x=7 \\ y=-7 \end{cases}$

B. $\{x,y \mid x=3 \text{ 且 } y=-7\}$

C. $\{3,-7\}$

D. $\{(x,y) \mid x=3 \text{ 且 } y=-7\}$

2. 用列举法表示下列集合.

(1) 方程 $x^2-9=0$ 的解集；

(2) 一次不等式 $2x+1>3$ 的整数解组成的集合；

(3) 大于 3 且小于 11 的偶数组成的集合.

3. 用描述法表示下列集合.

(1) 不等式 $3x-7<5$ 的解集；

(2) 不小于 3 的所有实数组成的集合.

4. 判断下列集合是否是空集.

(1) 方程 $x^2-2x+1=0$ 的解集；

(2) 方程 $(x-1)^2+1=0$ 的解集.

2.1.2 集合之间的关系

观察下面集合 A 和 B 中的元素，集合 A 中的元素是否都在集合 B 中？

$$A=\{1, 2, 3\}, B=\{1, 2, 3, 4\}.$$

一般地，若集合 A 中的每一个元素都是集合 B 的元素，称集合 A 是集合 B 的子集. 记作

$$A \subseteq B(\text{或 } B \supseteq A),$$

读作"A 包含于 B"(或"集合 B 包含集合 A").

上述例子中的集合 $\{1, 2, 3\}$ 是集合 $\{1, 2, 3, 4\}$ 的子集. 显然，$\{1, 2, 3\} \subseteq \{1, 2, 3, 4\}$.

如果集合 A 是集合 B 的子集，我们称集合 A 与集合 B 之间具有包含关系.

规定 空集是任何集合的子集，$\varnothing \subseteq A$.

31

如果集合 $A\subseteq B$，并且集合 B 中至少有一个元素不属于 A，则把集合 A 叫做集合 B 的真子集. 记作

$$A\subsetneqq B(\text{或 } B\supsetneqq A).$$

例如，集合 $\{1，2，3\}$ 是集合 $\{1，2，3，4\}$ 的真子集，即 $\{1，2，3\}\subsetneqq\{1，2，3，4\}$.

集合 **N** 也是集合 **Z** 的真子集，即 $\mathbf{N}\subsetneqq\mathbf{Z}$.

空集是任何非空集合的真子集，即若 A 不是空集，则 $\varnothing\subsetneqq A$.

为了直观地说明集合之间的关系，通常用一条封闭曲线（圆或矩形等）的内部表示一个集合，曲线内部的点表示集合的元素，这种表示集合的示意图叫做文氏图.

$A\subsetneqq B$ 的文氏图如图 2-2 所示，其中表示集合 A 的圆画在了表示集合 B 的圆的内部.

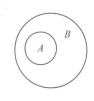

图 2-2

【例 7】 判断下列关系是否正确，并说明理由.

(1) $1\subsetneqq\{1，2\}$；　　　　　　　　(2) $\varnothing\in\{0\}$；

(3) $\{2，3，4\}\subsetneqq\{1，2，3，4，5\}$；　　(4) $\{a\}\in a$.

【解】 (1) 不正确. 1 是一个元素，不是集合，它们之间的关系是 $1\in\{1，2\}$.

(2) 不正确. $\varnothing$ 是空集，不是元素，它们之间的关系是 $\varnothing\subsetneqq\{0\}$.

(3) 正确. $\{2，3，4\}$ 是 $\{1，2，3，4，5\}$ 的子集，且 $\{1，2，3，4，5\}$ 中的元素 1 或 5 都不在集合 $\{2，3，4\}$ 中，因此，$\{2，3，4\}$ 是 $\{1，2，3，4，5\}$ 的真子集.

(4) 不正确，$\{a\}$ 是集合，a 是元素，它们之间的关系是 $a\in\{a\}$.

【例 8】 写出集合 $\{a，b，c\}$ 的所有子集，并指出其真子集.

【解】 $\{a，b，c\}$ 的子集有 $\varnothing$，$\{a\}$，$\{b\}$，$\{c\}$，$\{a，b\}$，$\{a，c\}$，$\{b，c\}$，$\{a，b，c\}$. 其中真子集为 $\varnothing$，$\{a\}$，$\{b\}$，$\{c\}$，$\{a，b\}$，$\{a，c\}$，$\{b，c\}$.

同学们观察下列两个集合，集合 $A=\{1，-1\}$，集合 $B=\{x\,|\,x^2=1\}$，发现集合 A，B 中的元素完全相同，则称集合 A 和集合 B 相等.

一般地，如果集合 A 和集合 B 中的元素完全相同，我们就说集合 A 和集合 B 相等，记为

$$A=B.$$

【例 9】 设集合 $A=\{x\,|\,|x-1|=2\}$，$B=\{-1，3\}$，讨论集合 A，B 之间的关系.

【解】 因为由 $|x-1|=2$ 可以得出 $x=-1$ 或 $x=3$，所以集合 $A=\{-1，3\}$，因此 $A=B$.

【例 10】 设集合 $A=\{2，x\}$，$B=\{x^2，2\}$，且 $A=B$，求 x 的值.

【解】 因为　$A=B$，所以　$x=x^2$

$x=0$ 或 $x=1$

代入题设条件检验：

当 $x=0$ 时，$A=B=\{0，2\}$，

当 $x=1$ 时，$A=B=\{1，2\}$，

均满足条件.

课堂练习

1. 选择题.

   (1) 对于集合 A, B, "$A \supseteq B$" 成立的含义是   (   )

      A. B 是 A 的子集.

      B. A 中的元素都不是 B 中的元素.

      C. A 中至少有一个元素不属于 B.

      D. B 中至少有一个元素不属于 A.

   (2) 在下列各式中: ① $1 \in \{0, 1, 2\}$; ② $\{1\} \in \{0, 1, 2\}$; ③ $\{0, 1, 2\} \subseteq \{0, 1, 2\}$; ④ $\varnothing \subsetneqq \{0,1,2\}$; ⑤ $\{0,1,2\} = \{2,0,1\}$. 其中错误的个数是   (   )

      A. 1 个   B. 2 个

      C. 3 个   D. 4 个

   (3) 设集合 $M = \{x \mid x \leqslant 19\}$, $a = 32$, 则下列关系中正确的是   (   )

      A. $a \subsetneqq M$ B. $a \in M$

      C. $a \notin M$ D. $\{a\} \in M$

2. 写出集合 $\{3, 4\}$ 的所有真子集, 并指出它的非空真子集.

3. 用适当的符号 ($\in$, $\notin$, $\subsetneqq$, $=$, $\supseteq$) 填空.

   (1) a _____ $\{a, b\}$;   (2) $\{a\}$ _____ $\{a, b\}$;

   (3) $\{a, b\}$ _____ $\{a, b\}$ (4) $\{a, b\}$ _____ $\{b, a\}$;

   (5) $\{2, 4, 6, 8\}$ _____ $\{4, 6\}$;   (6) $\{2, 3, 4\}$ _____ $\{4, 3, 2\}$.

4. 判断下列两个集合之间的关系.

   (1) $A = \{1, 2, 4\}$, $B = \{6 \text{ 与 } 12 \text{ 的公约数}\}$;

   (2) $A = \{x \mid x > 2\}$, $B = \{x \mid x > 3\}$.

2.1.3 交集与并集

    问题 1: 若集合 $A = \{1, 2, 3\}$, $B = \{1, 2, 4, 5\}$, 请把集合 A 和集合 B 中公共元素都挑出来, 放在下面的大括号中 $\{$ $\}$.

    一般地, 我们把由所有属于集合 A 且属于集合 B 的元素组成的集合, 叫做集合 A 与 B 的交集. 记作 $A \cap B$. 读作 "A 交 B".

    用描述法表示为.

$$A \cap B = \{x \mid x \in A \text{ 且 } x \in B\}.$$

    $A \cap B$ 的文氏图如图 2-3 的阴影部分所示.

    根据交集的意义, $\{1, 2, 3\} \cap \{1, 2, 4, 5\} = \{1, 2\}$.

    【例 11】 已知集合 A, B, 求 $A \cap B$.

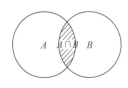

图 2-3

   (1) $A = \{a, b, c, d\}$, $B = \{c, d, e, f\}$;

   (2) $A = \{x \mid |x| = 3\}$, $B = \{x \mid x(x-3) = 0\}$.

33

【解】 (1) $A \bigcap B=\{a, b, c, d\} \bigcap \{c, d, e, f\}=\{c, d\}$.

(2) 因为 $A=\{x \mid |x|=3\}=\{-3, 3\}$，$B=\{x \mid x(x-3)=0\}=\{0, 3\}$，所以 $A \bigcap B=$ $\{-3, 3\} \bigcap \{0, 3\}=\{3\}$.

问题 2: 若集合 $A=\{1, 2, 3\}$，$B=\{1, 2, 4, 5\}$，$C=\{1, 2, 3, 4, 5\}$，你能观察出集合 C 中的元素与集合 A、B 中的元素之间的关系吗?

通常我们把由所有属于集合 A 或属于集合 B 的元素组成的集合，叫做集合 A 与 B 的并集，记作 $A \bigcup B$，读作"A 并 B".

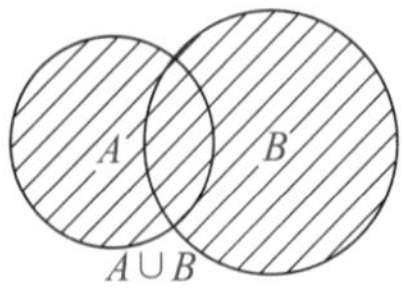

用描述法表示为

$$A \bigcup B=\{x \mid x \in A \text{ 或 } x \in B\}.$$

图 2-4

如图 2-4 阴影部分表示 $A \bigcup B$.

根据并集的意义，$\{1, 2, 3\} \bigcup \{1, 2, 4, 5\}=\{1, 2, 3, 4, 5\}$.

【例 12】 已知集合 $A=\{a, b, c, d\}$，$B=\{d, e, f\}$，$C=\{f, g\}$，求：

(1) $A \bigcup B$; (2) $B \bigcup C$; (3) $B \bigcap C$; (4) $(A \bigcup B) \bigcap C$; (5) $A \bigcup (B \bigcap C)$.

【解】 (1) $A \bigcup B=\{a, b, c, d\} \bigcup \{d, e, f\}=\{a, b, c, d, e, f\}$.

(2) $B \bigcup C=\{d, e, f\} \bigcup \{f, g\}=\{e, d, f, g\}$.

(3) $B \bigcap C=\{d, e, f\} \bigcap \{f, g\}=\{f\}$.

(4) 因为 $A \bigcup B=\{a, b, c, d, e, f\}$，所以 $(A \bigcup B) \bigcap C=\{a, b, c, d, e, f\} \bigcap \{f, g\}=$ $\{f\}$.

(5) 因为 $B \bigcap C=\{f\}$，所以 $A \bigcup (B \bigcap C)=\{a, b, c, d\} \bigcup \{f\}=\{a, b, c, d, f\}$

【例 13】 设 $A=\{-4, 2a-1, a^2\}$，$B=\{a-5, 1-a, 9\}$，已知 $A \bigcap B=\{9\}$，求 a 的值.

【解】 因为 $A \bigcap B=\{9\}, 9 \in A$.

(1) 若 $2a-1=9$，则 $a=5$.

此时 $a=5$，这时 $A=\{-4, 9, 25\}$，$B=\{0, -4, 9\}$.

$A \bigcap B=\{-4, 9\}$故 $a=5$ 不符合题意.

(2) 若 $a^2=9$，则 $a=3$ 或 $a=-3$.

而 $a=3$ 时，$B=\{-2, -2, 9\}$与集合的互异性矛盾;

当 $a=-3$ 时，$A=\{-4, -7, 9\}$，$B=\{-8, 4, 9\}$，$A \bigcap B=\{9\}$.

故 $a=-3$.

课堂练习

1. 选择题.

(1) 已知 $M=\{y \mid y=x^2+1, x \in \mathbf{R}\}$，$N=\{y \mid y=-x^2+1, x \in \mathbf{R}\}$，则 $M \bigcap N$ 是　　　　( )

    A. $\{0, 1\}$ B. $\{(0, 1)\}$

    C. $\{1\}$ D. 以上都不对

(2) 设 $M=\{1, 2, m^2-3m-1\}$，$P=\{-1, 3\}$，$M \bigcap P=\{3\}$，则 m 的值为　　( )

    A. 4   B. -1

    C. $1, -4$ D. $4, -1$

(3) 设集合 $A=\{x \mid -5 \leqslant x < 1\}$，$B=\{x \mid x \leqslant 2\}$，则 $A \bigcup B=$ ( )

A. $\{x\mid-5\leqslant x<1\}$　　　　B. $\{x\mid-5\leqslant x\leqslant 2\}$

C. $\{x\mid x<1\}$　　　　　　　D. $\{x\mid x\leqslant 2\}$

(4) 下列四个推理:①$a\in(A\cup B)\Rightarrow a\in A$;②$a\in(A\cap B)\Rightarrow a\in(A\cup B)$;③$A\subseteq B\Rightarrow A\cup B$ $=B$;④$A\cup B=A\Rightarrow A\cap B=B$. 其中正确的个数为　　　　　　　（　　）

A. 1　　　　　　　　　B. 2

C. 3　　　　　　　　　D. 4

2. 填空.

(1) $\{1,3,5\}\cap\{1,2,3\}=$_____.

(2) $\{b,c,e\}\cap\{a,d,f\}=$_____.

(3) $\{x\mid x^3=8\}\cap\{x\mid x+2=0\}=$_____.

(4) 已知集合 $A=\{1,2,3,4\}$,$B=\{2,4,6\}$,$C=\{3,5,7\}$,则 $A\cup B=$_____;$A\cap C$ $=$_____;

(5) 若 $A=\{1,2\}$,$B=\{1,3,4\}$,$C=\{2,3,5\}$,则 $A\cap(B\cap C)=$_____.

2.1.4 区　间

考察下列问题.

(1) 金江机场招聘空中小姐,除其他要求外,身高低于 1.70 m 或高于 1.85 m 的不在招聘范围内;

(2) 益民商场新进一批服装,标注均为同一号码,但其解释为只要身高在 1.60 m(不含)和 1.75 m(不含)之间的顾客,就可以适用;

(3) 花园路酒店招聘保安,其中身高要求为高于 1.65 m 且不高于 1.80 m;

(4) 万国银行规定:存款满 1.5 万元,不足 3 万元的储户发放一张特别优惠卡. 请你用描述法将上述问题中的满足条件的数据写成集合形式.

(1) {　　　|　　　}　　　　　　(2) {　　　|　　　}

(3) {　　　|　　　}　　　　　　(4) {　　　|　　　}

一般地,设 $a,b\in\mathbf{R}$,且 $a<b$,

(1) 满足 $a\leqslant x\leqslant b$ 的实数 x 的集合 $\{x\mid a\leqslant x\leqslant b\}$ 叫做以 a,b 为端点的闭区间. 记作 $[a,b]$,如图 2-5 所示,用实心点表示包括区间的端点.

(2) 满足 $a<x<b$ 的实数 x 的集合 $\{x\mid a<x<b\}$ 叫做以 a,b 为端点的开区间. 记作 (a,b),如图 2-6 所示,用空心点表示不包括区间的端点.

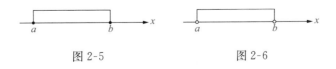

图 2-5　　　　　　　　　　图 2-6

因此,问题(1)中金江机场要求空中小姐的身高范围就可以用闭区间 $[1.70,1.85]$ 表示;

35

问题(2)中益民商场新进服装适用人群身高范围就可以用开区间(1.60,1.75)表示.

我们把满足 $a \leqslant x < b$ 的实数 x 的集合 $\{x | a \leqslant x < b\}$ 记作 $[a, b)$,把满足 $a < x \leqslant b$ 的实数 x 的集合 $\{x | a < x \leqslant b\}$ 记作 $(a, b]$.它们都叫做以 a,b 为端点的半开(半闭)区间,如图 2-7 和图 2-8 所示.

图 2-7   图 2-8

这样,问题(3)中保安的身高范围只能用半开区间(1.65,1.80]表示;问题(4)中存款的范围只能用半开区间[1.5,3)表示.

【注意】 $\{2,3,4\}$ 不可写成区间形式.

我们把这里的实数 a 与 b 都叫做相应区间的端点,$b-a$ 叫做区间的长度.

上述四种区间的长度都是有限的,叫做有限区间.当区间的长度为无限大时,有下述情况.

$(-\infty, +\infty)$ 表示实数集 **R**.“∞”读作“无穷大”;“$-\infty$”读作“负无穷大”,“$+\infty$”读作“正无穷大”;

$(-\infty, b)$ 表示数集 $\{x | x < b\}$,如图 2-9(1)所示;

$(-\infty, b]$ 表示数集 $\{x | x \leqslant b\}$,如图 2-9(2)所示;

$(a, +\infty)$ 表示数集 $\{x | x > a\}$,如图 2-9(3)所示;

$[a, +\infty)$ 表示数集 $\{x | x \geqslant a\}$,如图 2-9(4)所示.

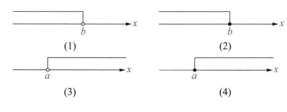

(1)   (2)

(3)   (4)

图 2-9

例如.$x \geqslant 2$ 的解集记作 $[2, +\infty)$;$x > 2$ 的解集记作 $(2, +\infty)$;$x \leqslant 1$ 的解集记作 $(-\infty, 1]$;$x < 1$ 的解集记作 $(-\infty, 1)$.

【例14】 用区间表示下列不等式(组)的解集.

(1) $2x > 6 - x$;   (2) $\begin{cases} 2x - 1 \geqslant 3 \\ 4 - x > 1 \end{cases}$

(3) $\{x | -1 < x < 0\}$;   (4) $\{x | -3 \leqslant x \leqslant 2\}$;

(5) $\{x | x \geqslant -1\}$;   (6) $\{x | x < -2\}$;

(7) $\{x | 0 \leqslant x < 4\}$.

【解】 (1) 根据不等式性质,

$2x > 6 - x \Leftrightarrow 2x + x > 6 \Leftrightarrow 3x > 6 \Leftrightarrow x > 2$.

所以不等式的解集为 $x>2$，写成区间形式为 $(2，+\infty)$.

(2) 由 $2x-1\geqslant 3$ 得 $x\geqslant 2$，解集为 $[2，+\infty)$

由 $4-x>1$ 得 $x<3$，解集为 $(-\infty，3)$.

因此，原不等式组的解集为 $(-\infty，3)\bigcap [2，+\infty)=[2，3)$，如图

图 2-10

2-10 所示.

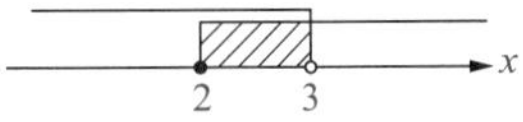

(3) $(-1,0)$;   (4) $[-3,2]$,   (5) $[1，+\infty)$;

(6) $(-\infty，-2)$;   (7) $[0,4)$.

课堂练习

1. 用区间的形式表示下列集合.

(1) $\{x|-3<x<4\}$;   (2) $\{x|-5<x\leqslant 0\}$;

(3) $\{x|x<10\}$;   (4) $\{x|x\leqslant 0\}$.

2. 用区间表示下列不等式(组)的解集.

(1) $3x-1\leqslant 2+4x$;   (2) $\begin{cases} 5x-3\geqslant 1-x \\ 2x-4<x-1. \end{cases}$

习题 2.1

1. 选择题.

(1) 下列各条件中，能成为集合的是(   )

     A. 与 0 非常接近的正数.   B. 世界著名的科学家.

     C. 所有的等腰三角形.   D. 全班成绩好的同学.

(2) 若 $A=\{x|0\leqslant 2x\leqslant 10\}$，则 0 ＿＿＿＿ A；4 ＿＿＿＿ A；6 ＿＿＿＿ A

     A. $\in$，$\in$，$\in$ B. $\notin$，$\notin$，$\notin$

     C. $\in$，$\in$，$\notin$ D. $\notin$，$\notin$，$\in$

(3) 下列集合是无限集的是(   )

     A. $\{x|0\leqslant x\leqslant 1\}$ B. $\{x|x^2+1=0\}$

     C. $\{x|x^2-x-6=0\}$ D. $\{x|x=(-1)^n，n\in \mathbf{N}\}$

(4) 在下列各式子中：①$1\in\{0,1,2\}$ ②$\{1\}\in\{0,1,2\}$
③$\{0,1,2\}\subseteq\{0,1,2\}$ ④$\varnothing\subsetneqq\{0,1,2\}$ ⑤$\{0,1,2\}=\{2,1,0\}$. 其中错误的个数是(   )

     A. 1 个   B. 2 个

     C. 3 个   D. 4 个

(5) 下列关系中不正确的是(   )

     A. $\mathbf{N}\subseteq\mathbf{Q}$ B. $\mathbf{R}\supseteq\mathbf{Z}$

     C. $\mathbf{Z}\subseteq\mathbf{N}$ D. $\mathbf{Z}\subseteq\mathbf{Q}$

(6) 已知集合 $A=\{x|x\geqslant 2$ 且 $x\in\mathbf{N}^*\}$，$B=\{x|x\leqslant 6$，且 $x\in\mathbf{N}^*\}$ 则 $A\bigcap B$ 等于(   )

     A. $\{1,2,3,4,5,6\}$ B. $\{2,3,4,5,6\}$

C. $\{2,6\}$ D. $\{x|2\leqslant x\leqslant 6\}$

(7) 若集合 $A=\{矩形\}$，$B=\{菱形\}$则下面图中正确表示两个集合关系的是（   ）

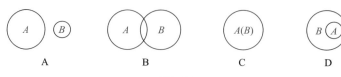

     A   B   C   D

图 2-11

(8) 集合 $A=\{0,1,2,3,4,5\}$，$B=\{2,3,4\}$，$A\cup B=$ _____

   A. $\{0,1,2,3,4,5\}$ B. $\{2,3,4\}$

   C. $\{0,1,2,2,3,3,4,4,5\}$ D. $\{1,2,3,4\}$

2. 用描述法表示下列集合.

(1) 正偶数集合；(2) 奇数集合；(3) $\{1,3,5,7,9\}$.

3. 若集合 $A=\{1,3,x\}$，$B=\{x^2,1\}$，且 $B\subseteq A$，则 x 的值为多少？

4. 已知集合 $A=\{x|1\leqslant x<3\}$，$B=\{x|x>2\}$，试求 $A\cap B$ 和 $A\cup B$.

5. 用区间表示下列集合.

(1) $\{x|-7.5\leqslant x<7.5\}$；   (2) $\{x|3\leqslant x\leqslant 5\}$；

(3) $\{x|-10<x<1\}$；   (4) $\{x|-5<x\leqslant 5\}$；

(5) $\{x|x>0\}$；   (6) $\{x|x<-2\}$；

(7) $\{x|x\leqslant-3\}$；   (8) $\{x|x\geqslant 1\}$；

(9) $\mathbf{R}$.

2.2 函数的概念、图像及其性质

2.2.1 映射与函数

   在初中我们学过函数的概念，在函数 $y=x^2$ 中，对于 $x\in\mathbf{R}$ 的每一个确定的值，按照对应法则"平方"，都有唯一确定的 y 值与它对应，例如

$$x=2 \underline{平方} y=4.$$

$$x=3 \underline{平方} y=9.$$

   这时，y 是 x 的函数，其中 x 是自变量. 函数 y 又称做因变量. 定义域是实数集，值域是非负实数集.

   函数定义中，必须注意两个问题.

   (1) 通过对应法则，把定义域中的数变到值域中.

(2) 对定义域中的每一个数,在值域里有且只有一个值与之对应.

函数关系实质上是表达两个数集的元素之间按照某种法则确定的一种对应关系,在现实生活和科学研究中,很多集合之间都存在着这种对应关系.

【例 15】 对于任何一个实数 a,数轴上都有唯一一个点 A 和它对应.

【例 16】 对于直角坐标系中任何一个点 P,都有唯一有序实数对 (x,y) 和它对应.

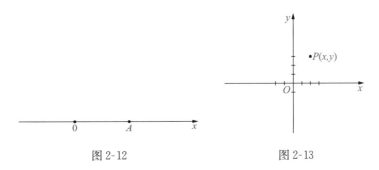

图 2-12   图 2-13

【例 17】 设 A 表示全班学生构成的集合,则对 A 中任何一个元素 x(表示某个学生),通过测量身高,在正实数中必有唯一一个实数与 x 对应.

为了研究这些类似于函数对应的关系,在数学中引入了映射概念.

设 A、B 是两个非空集合,如果按某种对应法则 f,对于 A 内任一个元素 x,在 B 中总有一个且只有一个元素 y 与 x 对应,则称 f 是集合 A 到 B 的映射;称 y 是 x 在映射 f 作用下的象,记作 $f(x)$;x 叫做 y 的原象,映射 f 可记为

$$f: A \to B.$$
$$x \mapsto f(x).$$

其中 A 叫做映射 f 的原象集,由所有象 $f(x)$ 所构成的集合叫做 f 的象集.

由此可见,映射概念是初中函数概念的推广,初中学过的函数,其实质就是一个数集到另一个数集的映射.

如果映射定义中 A、B 都是非空的数集,那么 A 到 B 的映射 f,叫做 A 到 B 的函数,其中 A 叫做函数 f 的定义域. 全体函数值 $y(x)$ 构成的集合 $C(C \subseteq B)$ 叫做函数 f 的值域.

关于 x 的函数 f 经常是写作函数 $y=f(x)$ 或函数 $f(x)$,例如,

一次函数 $f(x)=ax+b(a \neq 0)$ 的定义域是 $\mathbf{R}$,值域也是 $\mathbf{R}$. 对于 $\mathbf{R}$ 中的任意一个数 x,在 $\mathbf{R}$ 中都有一个数 $y=ax+b(a \neq 0)$ 与它对应.

反比例函数 $f(x)=\dfrac{k}{x}(k \neq 0)$ 的定义域是 $A=\{x|x \neq 0\}$,值域是 $B=\{y|y \neq 0\}$,对于 A 中的任意一个实数 x,在 B 中都有一个实数 $y=\dfrac{k}{x}(k \neq 0)$ 和它对应.

二次函数 $f(x)=ax^2+bx+c(a \neq 0)$ 的定义域是 $\mathbf{R}$,值域是 B. 当 $a>0$ 时,$B=\left\{y \middle| y \geqslant \dfrac{4ac-b^2}{4a}\right\}$;当 $a<0$ 时,$B=\left\{y \middle| y \leqslant \dfrac{4ac-b^2}{4a}\right\}$.它使得 $\mathbf{R}$ 中的任意一个数 x 与 B 中的数 $y=ax^2+bx+c(a \neq 0)$ 对应.

对应法则、定义域和值域是构成函数的三要素.

【例18】 在下列三个图中，用箭头所标明的 A 中元素与 B 中元素的对应法则，是不是映射？

【解】 在图 2-14(1)中，对 A 中一个元素，通过开平方运算，在 B 中有两个元素与之对应，不符合映射定义，所以这种对应关系不是映射.

在图 2-14(2) 中，对 A 中一个元素，通过乘法运算，在 B 中有且只有一个元素与之对应，符合映射定义，所以这种对应关系是映射.

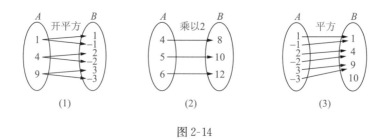

图 2-14

在图 2-14(3) 中的对应关系也是映射.

从例 18 可以看到，对应法则是"一对一"，"多对一"的对应关系才是映射，而"一对多"的对应关系不是映射. 映射的象集不一定就是集合 B，一般是 B 的一个子集.

【例19】 设集合 $A=\{开，关\}$，集合 $B=\{1，0\}$，对应法则 f：元素"开"对应元素"1"，元素"关"对应元素"0"，问这个对应是否是映射？

【解】 由映射定义可知，f 是 A 到 B 的一个映射.

【例20】 已知函数 $f(x)=x^2-1$，求 $f(-2)$，$f(0)$，$f(x^2)$ 和 $f(x+1)$.

【解】 因为
$$f(x)=x^2-1,$$
所以
$$f(-2)=(-2)^2-1=3.$$
$$f(0)=0^2-1=-1.$$
$$f(x^2)=(x^2)^2-1=x^4-1.$$
$$f(x+1)=(x+1)^2-1=x^2+2x.$$

【例21】 求下列函数的定义域.

(1) $f(x)=\dfrac{1}{x-2}$；

(2) $f(x)=\sqrt{3x+2}$；

(3) $f(x)=\sqrt{x+1}+\dfrac{1}{2-x}$

【分析】 函数的定义域通常由问题的实际背景确定. 如果只给出解析式 $y=f(x)$，而没有指明它的定义域，那么函数的定义域就是指能使这个式子有意义的实数 x 的集合.

【解】 (1) 因为 $x-2=0$，即 $x=2$ 时，分式 $\dfrac{1}{x-2}$ 没有意义，而 $x\neq2$ 时，分式 $\dfrac{1}{x-2}$ 有意义. 所以，这个函数的定义域是
$$\{x|x\neq2\}.$$

(2) 因为 $3x+2<0$，即 $x<-\dfrac{2}{3}$ 时，根式 $\sqrt{3x+2}$ 没有意义，而 $3x+2\geqslant0$，即 $x\geqslant-\dfrac{2}{3}$ 时，根式 $\sqrt{3x+2}$ 才有意义. 所以，这个函数的定义域是

$$\left[-\frac{2}{3},+\infty\right)$$

(3) 使根式 $\sqrt{x+1}$ 有意义的实数 x 的集合是 $\{x|x\geqslant-1\}$，使分式 $\dfrac{1}{2-x}$ 有意义的实数 x 的集合是 $\{x|x\neq2\}$. 所以，这个函数的定义域是

$$\{x|x\geqslant-1\}\bigcap\{x|x\neq2\}$$
$$=[-1,2)\bigcup(2,+\infty)$$

从例21可以看出，用解析式 $y=f(x)$ 表示的函数，$f(x)$ 常为整式、分式、根式，以及由上述几种式子构成的式子，它们的定义域分别是什么？请同学们结合例子思考、讨论.

课堂练习

1. 下列各题中，哪些对应法则是 A 到 B 的映射？哪些不是？如果是映射，哪些映射的象集与 B 相等，哪些映射的象集是 B 的真子集？

   (1) $A=\{0,1,2,3\}$，$B=\{1,2,3,4\}$，对应法则 f：“加 1”；

   (2) $A=\mathbf{R}$，$B=\mathbf{R}$，对应法则 f：“求平方根”；

   (3) $A=\mathbf{N}$，$B=\mathbf{R}$，对应法则 f：“3 倍”；

   (4) $A=\mathbf{R}$，$B=\mathbf{R}$，对应法则 f：“求绝对值”；

   (5) $A=\mathbf{R}$，$B=\mathbf{R}$，对应法则 f：“求倒数”.

2. 已知函数 $f(x)=2x-3$，$x\in\{0,1,2,3,5\}$，求 $f(0)$、$f(2)$、$f(5)$ 及 f 的值域.

3. 已知函数 $f(x)=x^2-x+1$，求 $f(1)$、$f(-2)$、$f(x+1)$、$f(x^2)$.

4. 求下列函数的定义域.

   (1) $f(x)=\dfrac{1}{x-5}$；   (2) $f(x)=\sqrt{2x-3}+\sqrt{7-x}$；

   (3) $f(x)=\dfrac{1}{x-1}+\sqrt{1-x^2}$；   (4) $f(x)=\sqrt{2x-1}+\sqrt{1-2x}$；

   (5) $f(x)=\sqrt{x^2-9}$；   (6) $f(x)=\sqrt{3x-1}+\sqrt{1-2x}+4$；

   (7) $f(x)=\dfrac{\sqrt[3]{4x+8}}{3x-2}$；   (8) $f(x)=\dfrac{\sqrt{4-x^2}}{x-1}$.

2.2.2 函数的图像

表示函数的方法有列表法、解析法和图像法三种. 这节要讨论由函数列表和解析式做出函数的图像，这种作图法常称描点法.

对于函数 $y=f(x)(x\in A)$，定义域内每一个 x 值都有唯一的 y 值与它对应，把这两个对应的有序实数对 (x, y) 作为点 P 的坐标，记作 $P(x, y)$，则所有这些点的集合叫做函数 $y=f(x)$ 的图像 F，即

$$F=\{P(x, y)\,|\,y=f(x), x\in A\}$$

这就是说，满足 $y=f(x)$ 的点 (x, y) 都在图像 F 上，反之在图像 F 上的点的坐标 (x, y) 都满足函数 $y=f(x)$.

【例22】 (1) 做出一次函数 $y=-2x+1$ 的图像；(2) 做出二次函数 $y=x^2$ 的图像.

【解】 (1) 因为一次函数图像是一条直线，只需描出两个点，即可连成函数的图像直线.

令 $x=0$，则 $y=1$.

令 $y=0$，则 $x=\dfrac{1}{2}$.

得到 $A(0, 1)$，$B\left(\dfrac{1}{2}, 0\right)$，函数图像如图 2-15(1)所示.

(2) 因为 $y=x^2$ 的图像是一条抛物线，令 $x=1$，则 $y=1$；令 $x=-1$，则 $y=1$，故描出顶点 $(0,0)$，点 $(1,1)$、$(-1,1)$，对称轴 y 轴，与 x 轴的交点 $(0,0)$ 用光滑的曲线连接出来.

得函数图像如图 2-15(2) 所示.

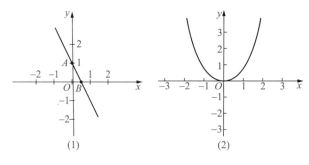

图 2-15

【例23】 国内投寄信函(外埠)，邮资按下列规则计算：

(1) 信函质量不超过 100g 时,每 20g 付邮资 80 分,即信函质量不超过 20g 付邮资 80 分,信函质量超过 20g,但不超过 40g 付邮资 160 分,依次类推；

(2) 信函质量大于 100g 且不超过 200g 时,每 100g 付邮资 200 分,即信函质量超过 100g,但不超过 200g 付邮资 $(A+200)$ 分(A 为质量等于 100g 的信函的邮资),信函质量超过 200g,但不超过 300g 付邮资 $(A+400)$ 分,依次类推.

设一封 x g$(0<x\leqslant 200)$ 的信函应付的邮资为 y(单位:分),试写出以 x 为自变量的函数 y 的解析式,并画出这个函数的图像.

【解】 这个函数的定义域是 $\{x\,|\,0<x\leqslant 200\}$,函数解析式为

$$y=\begin{cases} 80, & x\in(0,20], \\ 160, & x\in(20,40], \\ 240, & x\in(40,60], \\ 320, & x\in(60,80], \\ 400, & x\in(80,100], \\ 600, & x\in(100,200]. \end{cases}$$

它的图像是 6 条线段(不包括左端点),都平行于 x 轴,如图 2-16 所示.

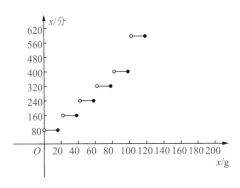

图 2-16

例 23 表明,有时一个函数对 x 取不同范围的值作用法则不同,即 x 在不同范围内表达式不同,常称做分段函数.

【例 24】 做出函数 $y=x^3$ 的图像.

【分析】 由已知函数关系可知,这个函数的定义域为 **R**,值域也是 **R**,列表、作图可以原点 $(0,0)$ 为中心,再取适当的点若干,连成光滑的曲线.

【解】 以原点 $(0,0)$ 为中心,列表如表 2-1 所示.

表 2-1

x	…	-2	-1.5	-1	-0.5	-0.2	0	0.2	0.5	1	1.5	2	…
y	…	-8	-3.38	-1	-0.13	-0.01	0	0.01	0.13	1	3.38	8	…

在直角坐标系中,描点,连成光滑曲线,得到函数图像如图 2-17 所示.

例 24 中的作图,另取了有限个点作代表来描点成图,实际图像上有无穷多个点. 取的点越多,画的图像就越准确. 如何取点取多少个点,要根据具体函数进行具体分析.

由函数图像来分析函数的性质,非常方便和直观. "数形结合"是今后研究函数重要方法,读者要养成习惯,使用图像来理解各种各样函数表达式的意义.

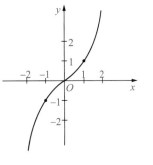

图 2-17

43

课堂练习

1. 做出下列各题中函数的图像.

(1) $y=x$；　　　　(2) $y=x+5$；

(3) $y=x^2$；　　　　(4) $y=-x^2+3$.

2. 画出下列函数的图像.

(1) $f(x)=x+2$, $(x\in \mathbf{Z}$,且$|x|\leqslant 3)$；

(2) $f(x)=3x-5$, $x\in(2,4)$.

3. 在同一坐标系内,画出下列各组函数的图像.

(1) $y=|x|$, $y=\dfrac{1}{2}|x|$, $y=2|x|$；

(2) $y=1-|x|$, $y=1-\dfrac{1}{2}|x|$, $y=1-2|x|$.

4. 做出函数 $y=-x^3$ 和 $y=\dfrac{1}{x^2}$ 的图像.

5. 闰年的一年中,月份构成的集合 A,每月天数构成的集合为 B, f 为月份到每月天数的对应法则,求 $f(1)$、$f(2)$、$f(6)$.

2.2.3 函数的单调性和奇偶性

1. 函数的单调性

设函数 $f(x)$ 的定义域为 A,区间 $I\subseteq A$. 如果对于任意的 $x_1,x_2\in I$,当 $x_1<x_2$ 时,都有

$$f(x_1)<f(x_2),$$

则称函数 $f(x)$ 在区间 I 上是严格递增的(或者说 $f(x)$ 在区间 I 上是增函数),称区间 I 是 $f(x)$ 的单调上升区间.

设函数 $f(x)$ 的定义域为 A,区间 $I\subset A$. 如果对于任意的 $x_1,x_2\in I$,当 $x_1<x_2$ 时,都有

$$f(x_1)>f(x_2),$$

则称函数 $f(x)$ 在区间 I 上是严格递减的(或者说 $f(x)$ 在区间 I 上是减函数),称区间 I 是 $f(x)$ 的单调下降区间.

如果 $f(x)$ 在定义域上是严格递增的(或严格递减的),则称 $f(x)$ 是严格单调函数.

函数在某个区间上递增或递减的性质统称为函数的单调性.

【例 25】 讨论一次函数 $f(x)=kx+b(k\neq 0)$ 在 $(-\infty,+\infty)$ 上是增函数还是减函数.

【解】 任取 $x_1,x_2\in(-\infty,+\infty)$,且 $x_1<x_2$,有

$$f(x_1)-f(x_2)=(kx_1+b)-(kx_2+b)$$
$$=k(x_1-x_2). \tag{1}$$

由于 $x_1<x_2$,可得 $x_1-x_2<0$.

如果 $k>0$,此时从(1)式得

$f(x_1)-f(x_2)<0.$

因此,$f(x)=kx+b$ 在 $(-\infty,+\infty)$ 上是增函数.

如果 $k<0$,此时从(1)式得

$f(x_1)-f(x_2)>0$

因此 $f(x)=kx+b$ 在 $(-\infty,+\infty)$ 上是减函数.

【例26】 讨论函数 $f(x)=\dfrac{1}{2}(x+1)^2-3$ 在 $[-1,+\infty)$ 上的单调性.

【解】 任取 x_1、$x_2\in[-1,+\infty)$,且 $x_1<x_2$,有

$x_2>x_1\geqslant-1$

$\Rightarrow x_2+1>x_1+1\geqslant0$

$\Rightarrow(x_2+1)^2>(x_1+1)^2\geqslant0$

$\Rightarrow\dfrac{1}{2}(x_2+1)^2-3>\dfrac{1}{2}(x_1+1)^2-3$

$\Rightarrow f(x_2)>f(x_1).$

因此 $f(x)=\dfrac{1}{2}(x+1)^2-3$ 在区间 $[-1,+\infty)$ 上是增函数.

课堂练习

1. 一次函数 $f(x)=-3x-2$ 在 $(-\infty,+\infty)$ 上是增函数还是减函数?

2. 讨论 $f(x)=x^2+1$ 在 $(0,+\infty)$ 上的单调性.

3. 证明:函数 $f(x)=x^2$ 在 $(0,+\infty)$ 上是增函数.

4. 证明:函数 $f(x)=\dfrac{3}{x^2}$ 在 $(-\infty,0)$ 和 $(0,+\infty)$ 上的增减性.

2. 函数的奇偶性

（1）奇函数

考察两个数

$$f(x)=2x, \qquad g(x)=\dfrac{1}{4}x^3.$$

在 x 和 $-x$ 的函数值.

$$f(x)=2x, \ f(-x)=2(-x)=-2x.$$

$$g(x)=\dfrac{1}{4}x^3, \ g(-x)=\dfrac{1}{4}(-x)^3=-\dfrac{1}{4}x^3.$$

可见,它们在 x 的函数值与在 $-x$ 的函数值互为相反数,即

$$f(-x)=-f(x), \ g(-x)=-g(x).$$

再考察这两个函数的图像(见图2-18).

容易发现,这两个图形都是以坐标原点为对称中心的中心对称图形,这就是说,它们分别绕原点旋转 $180°$ 后,都与自身重合.

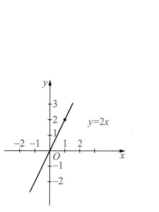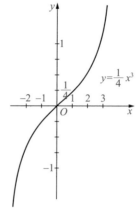

图 2-18

由上述例子, 引出奇函数的定义.

如果对于函数 $y=f(x)$ 定义域 A 内的任意一个 x, 都有

$$f(-x)=-f(x)$$

则这个函数叫奇函数.

由奇函数定义可知 $x \in A$, 则 $-x \in A$.

奇函数的图像关于原点中心对称.

【例 27】 判断下列函数是否是奇函数?

(1) $f(x)=\dfrac{1}{x}$; (2) $f(x)=x-x^3+x^5$; (3) $f(x)=x+1$.

【解】 (1) 因为函数 $f(x)=\dfrac{1}{x}$ 的定义域 $A=\{x \mid x \neq 0\}$,

所以 $\qquad\qquad\qquad$ 当 $x \in A$ 时, $-x \in A$.

又 $\qquad\qquad\qquad f(-x)=\dfrac{1}{-x}=-\dfrac{1}{x}=-f(x)$,

所以 $\qquad\qquad\qquad f(x)=\dfrac{1}{x}$ 是奇函数.

(2) 因为 $f(x)=x-x^3+x^5$ 的定义域是实数集 $\mathbf{R}$,

所以 $\qquad\qquad\qquad$ 当 $x \in \mathbf{R}$ 时, $-x \in \mathbf{R}$.

当 $\qquad\qquad\qquad f(-x)=(-x)-(-x)^3+(-x)^5$

$$=-x+x^3-x^5$$

$$=-(x-x^3+x^5)$$

$$=-f(x),$$

所以函数 $f(x)=x-x^3+x^5$ 为奇函数.

(3) 因为 $f(-x)=-x+1 \neq -f(x)$, 所以函数 $f(x)=x+1$ 不是奇函数.

(2) 偶函数

考察函数

$$f(x)=x^2.$$

x 与 $-x$ 的函数值

$$f(x)=x^2,\ f(-x)=(-x)^2=x^2.$$

可见它在 x 的函数值与 $-x$ 的函数值相等,即 $f(-x)=f(x)$.
再考察它的图像(见图 2-19). 容易发现,这个图像是以 y 轴为对称
轴的轴对称图形.

由此引出偶函数的定义.

如果对于函数 $y=f(x)$ 的定义域 A 的任一个值 x,都有

$$f(-x)=f(x).$$

则这个函数叫做偶函数.

由偶函数的定义可知,$x \in A$,则 $-x \in A$,且偶函数的图像关于
y 轴对称.

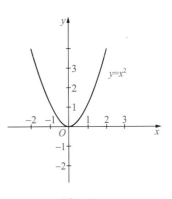

图 2-19

【例 28】 判断下列函数的奇偶性.

(1) $f(x)=x^2+1$; (2) $f(x)=x^2+x^3$; (3) $f(x)=x^2+x^4$,
$x \in [-1,3]$.

【解】 (1) 因为函数 $f(x)=x^2+1$ 的定义域为实数集 **R**.

所以 $\qquad\qquad\qquad x \in \mathbf{R},\ -x \in \mathbf{R}.$

又 $\qquad\qquad\qquad f(-x)=(-x)^2+1=x^2+1=f(x),$

所以函数 $f(x)=x^2+1$ 是偶函数.

(2) 因为函数 $f(x)=x^2+x^3$ 的定义域为实数集 **R**,

所以 $\qquad\qquad\qquad x \in \mathbf{R},\ -x \in \mathbf{R}.$

又 $\qquad f(-x)=(-x)^2+(-x)^3=x^2-x^3 \neq -f(x),\ f(-x) \neq f(x),$

所以函数 $f(x)=x^2+x^3$ 既不是奇函数,也不是偶函数.

(3) 因为函数 $f(x)=x^2+x^4$ 的定义域为 $x \in [-1,3]$,

$$x=2,\ 2 \in [-1,3],$$
$$-x=-2,\ -2 \notin [-1,3],$$

所以函数 $f(x)=x^2+x^4$ 在定义域内,既不是奇函数,也不是偶函数.

【注意】 函数定义域关于原点对称是它具有奇偶性的必要条件.

课堂练习

1. 判断下列函数的奇偶性.

    (1) $f(x)=5x+x^3$;   (2) $f(x)=\dfrac{1}{x-1}$;

    (3) $f(x)=(x+1)(x-1)$;   (4) $f(x)=\dfrac{1}{x^2-1}$;

    (5) $f(x)=x^2+x$;   (6) $f(x)=2x+\sqrt[3]{x}$.

2. 图 2-20 给出了奇函数 $y=f(x)$ 的局部图像,求 $f(-4)$.

3. 图 2-21 给出了偶函数 $y=f(x)$ 的局部图像,试比较 $f(1)$ 与 $f(3)$ 的大小.

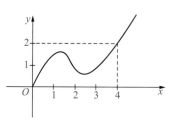

图 2-20

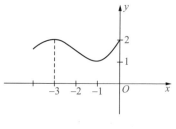

图 2-21

2.2.4 反函数

1. 反函数的定义

因为圆的周长 l 与半径 r 有如下关系

$$l = 2\pi r.$$

对于半径 $r(r>0)$ 的每一值，圆周长 $l(r>0)$ 有唯一一个值与之对应. 因为 l 是 r 的函数，反之，也可由周长 l 确定半径 r，即

$$r = \frac{l}{2\pi}.$$

这时，对于周长 $l(l>0)$ 每一个值，半径长 $r(r>0)$ 有唯一一个值与之对应，因而 r 是 l 的函数.

因此在这种情况下，称函数 $r = \frac{l}{2\pi}$ 是函数 $l = 2\pi r$ 的反函数. 实际上，$l = 2\pi r$ 和 $r = \frac{l}{2\pi}$ 都是反映了两个变量 l 和 r 的同一关系，只是自变量不同，研究事物的角度不同罢了.

一般地，在函数 $y = f(x)$ 中，设它的定义域为 A，值域为 C，如果对 C 中的每一个元素 y，都有 A 中唯一确定元素 x 与之对应，即 x 是 y 的函数，并表示为

$$x = g(y).$$

那么 $x = g(y)$ 称为函数 $y = f(x)$ 的反函数.

在函数 $x = g(y)$ 中，y 是自变量，x 是 y 的函数，但在习惯上，自变量通常用 x 表示，因变量用 y 表示，于是函数 g 可表示为

$$y = g(x),\ x \in C.$$

例如函数 $y = 5x$，$x \in \mathbf{R}$ 的反函数 $x = \frac{y}{5}$，$y \in \mathbf{R}$，应表示为 $y = \frac{x}{5}$，$x \in \mathbf{R}$.

函数 $y = f(x)$ 的反函数，也常用 $y = f^{-1}(x)$ 表示.

从反函数的概念可知，如果函数 $y = f(x)$ 有反函数 $y = f^{-1}(x)$，那么函数 $y = f^{-1}(x)$ 的反函数就是 $y = f(x)$. 因此，$y = f(x)$ 与 $y = f^{-1}(x)$ 互为反函数.

从映射的概念可知，函数 $y = f(x)$ 是定义域 A 到值域集合 C 的映射，而它的反函数 $y = f^{-1}(x)$ 是集合 C 到集合 A 的映射.

互为反函数的两个函数的定义域和值域的关系如表2-2所示.

表 2-2

	定义域	值域
函数 $y = f(x)$	A	C
函数 $y = f^{-1}(x)$	C	A

【例29】 求下列函数的反函数.

(1) $y = 5x - 4 (x \in \mathbf{R})$；

(2) $y = \dfrac{1}{x-1} (x \neq 1)$；

(3) $y = \sqrt{x} (x \geqslant 0)$；

(4) $y = \dfrac{2x-1}{3x+2} \left(x \neq -\dfrac{2}{3} \right)$.

【解】 (1) 由 $y = 5x - 4$ 解得 $x = \dfrac{y+4}{5}$，所以原函数的反函数是

$$y = \frac{x+4}{5} (x \in \mathbf{R}).$$

(2) 由 $y = \dfrac{1}{x-1}$ 解得 $x = \dfrac{y+1}{y}$，所以原函数的反函数是

$$y = \frac{x+1}{x} (x \neq 0).$$

(3) 由 $y = \sqrt{x}$ 解得 $x = y^2$，所以原函数的反函数是

$$y = x^2 (x \geqslant 0).$$

(4) 由 $y = \dfrac{2x-1}{3x+2}$ 解得 $x = \dfrac{2y+1}{2-3y}$，所以原函数的反函数是

$$y = \frac{2x+1}{2-3x} \left(x \neq \frac{2}{3} \right).$$

2. 互为反函数的函数图像的关系

函数 $y = 5x - 4 (x \in \mathbf{R})$ 的反函数是 $y = \dfrac{x+4}{5} (x \in \mathbf{R})$，把它们的图像画在同一坐标系里.

从图 2-22 中可以看出函数 $y = 5x - 4$ 与函数 $y = \dfrac{x+4}{5}$ 的图像关于直线 $y = x$ 对称.

如果函数 $y = f(x)$ 的图像上有一点 $P(a, b)$，由反函数的定义可知，点 $P'(b, a)$ 就一定在反函数的图像上，而点 $P(a, b)$ 与点 $P'(b, a)$ 关于直线 $y = x$ 对称.

【例30】 求函数 $y = 3x - 2 (x \in \mathbf{R})$ 的反函数，并且画出原来的函数和它的反函数的图像.

【解】 由 $y = 3x - 2$，得 $x = \dfrac{y+2}{3}$. 因此，函数 $y = 3x - 2 (x \in \mathbf{R})$ 的反函数是

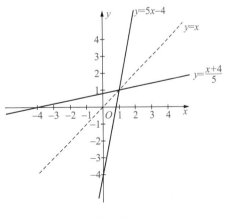

图 2-22

$$y = \frac{x+2}{3} \ (x \in \mathbf{R}).$$

函数 $y = 3x - 2 (x \in \mathbf{R})$ 和它的反函数 $y = \frac{x+2}{3} (x \in \mathbf{R})$ 的图像如图 2-23 所示.

【例 31】 求函数 $y = x^3 (x \in \mathbf{R})$ 的反函数, 并画出原来的函数和它的反函数的图像.

【解】 由 $y = x^3$, 得 $x = \sqrt[3]{y}$. 因此, 函数 $y = x^3$ 的反函数是

$$y = \sqrt[3]{x} (x \in \mathbf{R}).$$

函数 $y = x^3 (x \in \mathbf{R})$ 和它的反函数 $y = \sqrt[3]{x} (x \in \mathbf{R})$ 的图像如图 2-24 所示.

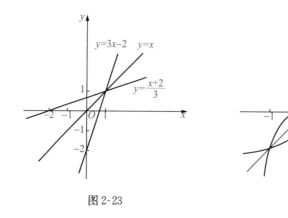

图 2-23   图 2-24

从图 2-23 可以看出, 函数 $y = 3x - 2 (x \in \mathbf{R})$ 和它的反函数 $y = \frac{x+2}{3} (x \in \mathbf{R})$ 的图像关于直线 $y = x$ 对称.

从图 2-24 可以看出, 函数 $y = x^3 (x \in \mathbf{R})$ 和它的反函数 $y = \sqrt[3]{x} (x \in \mathbf{R})$ 的图像关于直线 $y = x$ 对称.

一般地, 函数 $y = f(x)$ 的图像和它的反函数 $y = f^{-1}(x)$ 的图像关于直线 $y = x$ 对称.

课堂练习

1. 求下列函数的反函数.

(1) $y = 5x - 3 (x \in \mathbf{R})$;

(2) $y = \frac{2}{x} (x \neq 0)$;

(3) $y = x^2 (x \leqslant 0)$;

(4) $y = \frac{3x}{2x-1} \left(x \neq \frac{1}{2} \right)$.

2. 画出函数 $y = 3x + 2$ 与其反函数的图像.

3. 已知函数 $y = x^2 (x \geqslant 0)$, 求它的反函数, 并利用对称关系画出反函数的图像.

习题 2.2

1. 根据图中的对应法则，写出与 x 值的对应值 y.

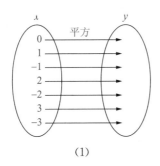 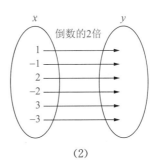

图 2-25

2. 图 2-26 中表示的对应法则是不是映射? 为什么?

(1)　　　　(2)　　　　(3)　　　　(4)

图 2-26

3. 求下列函数的定义域.

(1) $f(x)=\dfrac{6}{x^2-3x+2}$;　　(2) $f(x)=\dfrac{\sqrt[3]{4x+8}}{\sqrt{3x-2}}$.

4. 画出下列函数的图像，并由图像指出函数的单调区间.

(1) $f(x)=x^2$;　　　　(2) $f(x)=-2x^2$.

5. 证明函数 $f(x)=x^3$ 在 $(-\infty,+\infty)$ 上是增函数.

6. 判断下列函数的奇偶性.

(1) $f(x)=5x+3$;　　(2) $f(x)=5x$;

(3) $f(x)=x^2+1$;　　(4) $f(x)=x^2+2x+1$;

(5) $f(x)=\dfrac{1}{x^2}+2x^4$;　　(6) $f(x)=x+\dfrac{1}{x^3}$.

7. 求下列函数的反函数.

(1) $y=8x-5$;　　　　(2) $y=x^2+1(x>0)$;　　(3) $y=x^2(x<0)$;

(4) $y=\dfrac{x+1}{x-1}(x\in\mathbf{R}, x\neq1)$;　　(5) $y=\sqrt[3]{x-1}$;　　(6) $y=\sqrt{x-2}(x\geq2)$.

8. 已知函数 $y=\dfrac{2}{x-a}(x\in\mathbf{R}$，且 $x\neq a)$的反函数是函数本身，求 a 的值.

51

2.3 指数函数

美国著名科学家,避雷针的发明人本杰明·富兰克林(Franklin·B,1706－1790)一生为科学知识和民主革命而工作,他死后留下的财产并不可观,大致只有一千英镑. 令人惊讶的是,他竟留下了一份分配几百万英镑财产的遗嘱! 这份有趣的遗嘱是这样写的.

"…一千英镑赠给波士顿的居民,如果他们接受了这一千英镑,那么这笔钱应该托付给一些挑选出来的公民,他们得把这钱每年5％的利率借给一些年轻的手工业者去生息. 这笔款过了100年增加到131 000英镑. 我希望,那时候用100 000英镑来建立一所公共建筑物,剩下的31 000英镑拿去继续生息100年. 在第二个100年末了,这笔款增加到4 061 000英磅,其中1 061 000英镑还是由波士顿的居民来支配,而其余的3 000 000英镑让马萨诸塞州的公众来管理. 再之后,我可不敢多作主张了!"

富兰克林卒于1790年,他遗嘱执行的最后期限已经到期(1990年)了,大家不禁要问. 作为科学家的富兰克林,留下区区的1 000英镑,竟立了百万富翁般的遗嘱,莫非昏了头脑? 让我们按照富兰克林非凡的设想实际计算一下.

第1年末　有$y=1000(1+5％)^1=1000×1.05^1=1.05$(千英镑);

第2年末　有$y=1000(1+5％)^2=1000×1.05^2=1.103$(千英镑);

第3年末　有$y=1000(1+5％)^3=1000×1.05^3=1.158$(千英镑);

…

第100年末　有$y=1000(1+5％)^{100}=1000×1.05^{100}=131.501$(千英镑);

…

第n年末　有$y=1000(1+5％)^n=1.05^n$(千英镑).

因此得出,在头一个100年末富兰克林的财产应当增加到1.05^{100}(千英镑)＝131 501(英镑),这比富兰克林遗嘱中写出的还多出501英镑呢! 在第二个100年末,他拥有的财产就更多了,约为4142 421(英镑).

可见富兰克林的遗嘱在科学上是站得住脚的!

微薄的资金,低廉的利率,在神秘的指数效应下,可以变得令人瞠目结舌,你知道它的数学表达式吗? 它就是以指数为自变量的函数$y=1.05^x$,这样的函数称为指数函数.

2.3.1 指数函数的图像与性质

【问题】 我们先来做个游戏,每人拿出一张作业纸从中间撕成2张纸,把这2张纸重合从中间再撕一次,2张纸变成了4张纸,把这4张纸重合从中间再撕一次,……,若撕x次得到了y与x的函数关系式吗?

结果:＿＿＿＿＿＿＿＿＿＿＿＿＿.

在现实生活和科学技术中,常会遇到形如 $y=a^x$ 的函数,我们把形如 $y=a^x(a>0$,且 $a\neq1)$ 的函数叫做指数函数. 指数函数 $y=a^x$ 的定义域为 $(-\infty,+\infty)$.

指数函数的特点为:指数形式,底是常量,指数是自变量.

例如,$y=3^x$,$y=4.6^x$ 等都是指数函数.

【例32】 (1) 函数 $y=\left(\dfrac{1}{3}\right)^x$ 是底数等于＿＿＿＿的指数函数,它的定义域为＿＿＿＿

(2) 下列函数哪些是指数函数,那些不是指数函数? 为什么?

A. $y=2^{x+1}$ B. $y=3\cdot2^x$ C. $y=x^3$ D. $y=3^{-x}$

【解】 D 是指数函数. A,B,C 都不是指数函数.

【例33】 已知指数函数 $f(x)=2^x$,求 $f(-2)$,$f(-1)$,$f(0)$,$f(1)$ 的值.

【解】 $f(-2)=2^{-2}=\dfrac{1}{2^2}=\dfrac{1}{4}$;

$f(-1)=2^{-1}=\dfrac{1}{2}$;

$f(0)=2^0=1$;

$f(1)=2^1=2$.

下面根据描点法作函数图像的步骤,作指数函数 $y=2^x$ 的图像.

列表

x	$\cdots$	-2	-1	-0.5	0	0.5	1	2	$\cdots$
$y=2^x$	$\cdots$	0.25	0.5	0.7	1	1.4	2	4	$\cdots$

描点连线,如图 2-27 所示.

观察图像,可以看出,函数 $y=2^x$ 具有以下性质.

(1) 图像在 x 轴上方,函数值都是正数,函数值域是 $(0,+\infty)$;

(2) 图像经过点 $(0,1)$,即 $x=0$ 时,$y=1$;

(3) $y=2^x$ 在 **R** 上是增函数.

同学们请思考下列问题:

(1) 函数 $y=3^x$ 是否具备上述性质?

(2) 函数 $y=10^x$ 是否具备上述性质?

一般地,当 $a>1$ 时,指数函数 $y=a^x$ 都具有上述性质.

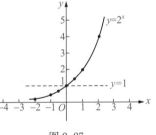

图 2-27

同样用描点法可以作出指数函数 $y=\left(\dfrac{1}{2}\right)^x$ 的图像.

列表

x	$\cdots$	-2	-1	-0.5	0	0.5	1	2	$\cdots$
$y=\left(\dfrac{1}{2}\right)^x$	$\cdots$	4	2	1.4	1	0.7	0.5	0.25	$\cdots$

描点连线,如图 2-28 所示.

观察图像, 可以看出, 函数 $y=\left(\dfrac{1}{2}\right)^x$ 具有以下性质.

(1) 图像都在 x 轴上方, 函数值都是正数, 函数值域是 $(0, +\infty)$;

(2) 图像经过点$(0, 1)$, 即 $x=0$ 时, $y=1$;

(3) $y=\left(\dfrac{1}{2}\right)^x$ 在 **R** 上是减函数.

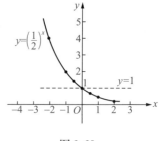

图 2-28

我们画出函数 $y=\left(\dfrac{1}{3}\right)^x$ 的图像, 它是否具备上述三条性质?

一般地, 当 $0<a<1$ 时, 指数函数 $y=a^x$ 都具有上述性质.

【例 34】 下列函数在 **R** 上是增函数还是减函数? 说明理由.

(1) $y=5^x$; \qquad (2) $y=\left(\dfrac{1}{4}\right)^x$.

【解】 (1) 由指数函数 $y=a^x(a>1)$在 **R** 上是增函数可知 $y=5^x$ 在 **R** 上为增函数.

(2) 由指数函数 $y=a^x(0<a<1)$在 **R** 上是减函数可知 $y=\left(\dfrac{1}{4}\right)^x$ 在 **R** 上为减函数.

综合 $a>1$ 和 $0<a<1$ 时的两种情况, 指数函数 $y=a^x$ 的图像和性质如下表所示.

函数	$y=a^x$	
a 的范围	$a>1$	$0<a<1$
图像	$(0,1)$ $(1,a)$	$(0,1)$ $(1,a)$
定义域	$(-\infty, +\infty)$	
值域	$(0, +\infty)$	
性质	1. 过点$(0, 1)$, 即 $x=0$ 时, $y=1$.	
	2. 在 **R** 上是增函数$(a>1$ 时)	2. 在 **R** 上是减函数$(0<a<1$ 时)

54

课堂练习

1. 函数 $y=3^x$, 它的图像从左向右是_____, 在 **R** 上是_____ 函数;当 $x>0$ 时, $y>$_____;当 $x<0$ 时, _____$<y<$_____.

2. 函数 $y=\left(\dfrac{1}{4}\right)^x$, 当 $x=0$, $y=$_____;当 $x>0$ 时, _____;当 $x<0$ 时, _____.

3. 函数 $y=\left(\dfrac{1}{3}\right)^x$ 的值域为_____;函数 $y=2.718^x$ 的值域为_____.

2.3.2 指数函数的应用举例

【例 35】 利用指数函数的性质,比较下列各组数的大小.

(1) $2^{2.1}$ 与 $2^{1.8}$;   (2) $1.5^{-1.8}$ 与 $1.5^{-1.3}$;   (3) $0.4^{1.9}$ 与 $0.4^{1.8}$.

【解】 (1) $2^{2.1}$ 与 $2^{1.8}$ 可看作函数 $y=2^x$ 当 x 分别为 2.1,1.8 时的函数值.

∵ $y=2^x$ 在 R 上是增函数,且 $2.1>1.8$.

∴ $2^{2.1}>2^{1.8}$.

(2) $1.5^{-1.8}$ 与 $1.5^{-1.3}$ 可看作函数 $y=1.5^x$ 当 x 分别为 -1.8,-1.3 时的函数值.

∵ $y=1.5^x$ 在 **R** 上是增函数,且 $-1.8<-1.3$.

∴ $1.5^{-1.8}<1.5^{-1.3}$.

(3) $0.4^{1.9}$ 与 $0.4^{1.8}$ 可看作函数 $y=0.4^x$ 当 x 分别为 1.9,1.8 时的函数值.

∵ $y=0.4^x$ 在 **R** 上是减函数,且 $1.9>1.8$,

∴ $0.4^{1.9}<0.4^{1.8}$.

【例 36】 求函数 $y=\sqrt{1-2^x}$ 的定义域.

【解】 要使函数有意义,应满足 $1-2^x\geqslant0$,所以 $2^x\leqslant1$,即 $2^x\leqslant2^0$.

因为 $y=2^x$ 是增函数,不等式的解为 $x\leqslant0$,所以函数 $y=\sqrt{1-2^x}$ 的定义域为 $(-\infty,0]$.

【例 37】 改革开放以来,在 2000 年时我国国民生产总值顺利完成了比 1980 年翻两番的目标,并且国民经济持续 7.2% 的速度增长,如果继续按照这样的速度增长,那么到 2010 年我国国民生产总值是 2000 年的多少倍?

【解】 设 2000 年我国国民生产总值 a,平均每年增长率为 7.2%. 则

2001 年国民生产总值为 $y=a+a\times7.2\%=a(1+7.2\%)$,

2002 年国民生产总值为 $y=a(1+7.2\%)+a(1+7.2\%)\times7.2\%=a(1+7.2\%)^2$,

2003 年国民生产总值为 $y=a(1+7.2\%)^2+a(1+7.2\%)^2 7.2\%=a(1+7.2\%)^3$,

…

一般地,从 2000 年开始经过 x 年的国民生产总值为 $y=a(1+7.2\%)^x$,

所以,到 2010 年,经过了 10 年,国民生产总值为 $y=a(1+7.2\%)^{10}\approx2.004a$.

这说明,到 2010 年,我国国民生产总值大约是 2000 年的 2 倍.

【例 38】 某种放射性物质不断变化为其他物质,每经过一年剩余的质量约是原来的 84%,设经过 x 年后剩余的质量为 y,

(1) 试建立此变化的函数关系式;

(2) 列表观察得出经过多少年,剩余质量是原来的一半(结果保留整数位).

【解】 (1) 设这种物质最初的质量为 1,由题意可得.

经过 1 年,剩余质量是 $1\times84\%=0.84$;

经过 2 年,剩余质量是 $0.84\times0.84=0.84^2$;

经过 3 年,剩余质量是 $0.84\times0.84^2=0.84^3$

…

经过 x 年, 剩余质量是 $y=0.84^x$.

(2) 根据上述函数关系式, 列 x、y 的对应值表(利用计算器求值), 如下.

x	0	1	2	3	4	5	6
y	1	0.84	0.71	0.59	0.50	0.42	0.35

从列表可以看出, 约经过 4 年, 剩余质量是原来的一半.

课堂练习

1. 下列函数中,哪些是指数函数?

(1) $y=4^x$;   (2) $y=x^4$;   (3) $y=-4^x$;   (4) $y=(-4)^x$;

(5) $y=\pi^x$;   (6) $y=4x^2$;   (7) $y=x^x$.

2. 判断对错.

(1) $y=2^x$ 是减函数;   (2) $y=2^{-x}$ 是减函数.

3. 填空.

函数 $y=a^x$ 的图像必经过_____点, 即 $x=$_____, $y=$_____.

4. 求下列函数的定义域.

(1) $y=3^{\frac{1}{x}}$;   (2) $y=5^{\sqrt{x-1}}$;   (3) $y=\sqrt{3^x-1}$;

(4) $y=\left(\frac{1}{2}\right)^{2x-x^2}$;   (5) $y=\left(\frac{1}{3}\right)^{x+2}$;   (6) $y=5^{\sqrt{3x-2}}$;

(7) $y=\sqrt{2-\left(\frac{1}{2}\right)^x}$.

5. 小王用现金 5 万元人民币进行股票投资,平均每年比上年增值 15%,经过 x 年后达到 y 元,试求 y 关于 x 的函数关系式以及 5 年后的资金(精确 0.01 万元).

6. 在同一坐标系中,画出下列函数的图像:

(1) $y=3^x$;   (2) $y=\left(\frac{1}{3}\right)^x$.

习题 2.3

1. 下列函数是否是指数函数?

(1) $y=(-4)\pi$;   (2) $y=\pi^x$;   (3) $y=-4^x$;   (4) $y=a^{x+2}(a>0$ 且 $a\neq1)$;

(5) $y=(\frac{1}{2})^{\frac{1}{x}}$;   (6) $y=2^{-x}$.

2. 函数 $y=a^{x-2}+1(a>0$ 且 $a\neq1)$的图像必过点_____. 函数 $y=a^{-x}(a>0$ 且 $a\neq1)$,定义域是_____;当 $a\in$_____时, y 为增函数;$a\in$_____时, y 为减函数.

3. 比较下列各题中两个数的大小.

(1) $1.7^{2.5}$ 与 1.7^3;   (2) $0.8^{-0.1}$ 与 $0.8^{-0.2}$;   (3) $1.7^{0.3}$ 与 $0.9^{3.1}$.

4. 求下列函数的定义域.

(1) $y=\sqrt{3-(\frac{1}{3})^x}$； (2) $y=3^{-x}-1$； (3) $y=3^{\frac{1}{x}}$； (4) $y=\frac{1}{2^x-1}$.

5. 如果 $y=(a^2-1)^x$ 在 $x\in\mathbf{R}$ 上是减函数，则 a 的取值范围是_____.

6. 画下列函数图像并指出它们的图像的关系.

(1) $y=10^x$； (2) $y=10^{-x}$.

2.4 对数函数

你还记得下面的问题吗？

某种放射性物质不断变化为其他物质，每经过一年剩余的质量约是原来 84%，设经过 x 年后剩余的质量为 y.

(1) 试建立此变化的函数关系式；

(2) 列表观察得出经过多少年，剩余质量是原来的一半(结果保留整数位).

解：(1) 设这种物质最初的质量为 1，由题意可得

经过 1 年，剩余质量是 $1\times84\%=0.84$；

经过 2 年，剩余质量是 $0.84\times0.84=0.84^2$；

...

经过 x 年，剩余质量是 $y=0.84^x$.

(2) 根据上述函数关系式，列 x、y 的对应值表(利用计算器求值)，如下.

x	0	1	2	3	4	5	6
y	1	0.84	0.71	0.59	0.50	0.42	0.35

列表看出，约经过 4 年，剩余质量是原来的一半.

如果不用列表的方法，你能求出结果吗？

2.4.1 对数函数的图像与性质

某种细胞分裂时，由 1 个分裂成 2 个，2 个分裂成 4 个，…，一个这样的细胞分裂 y 次后，得到的细胞的个数 x，x 与 y 的函数关系式是 $x=2^y$，可以得出 $y=\log_2 x$. 这个函数是以自变量为真数，函数值为对数的函数，你能给这样的函数起个名字吗？

一般地，形如 $y=\log_a x(a>0$ 且 $a\neq1)$ 的函数叫做对数函数，其中 x 是自变量，它的定义域是 $(0,+\infty)$，值域是 $\mathbf{R}$.

现在研究对数函数 $y=\log_a x(a>0$ 且 $a\neq1)$ 的图像和性质.

因为对数函数 $y=\log_a x$ 与指数函数 $y=a^x$ 互为反函数,故将分 $a>1$ 和 $0<a<1$ 两种情况来分析.

下面采用描点法作函数 $y=\log_2 x$ 和 $y=\log_{\frac{1}{2}} x$ 的图像.

在定义域 $(0,+\infty)$ 内取值列表如下.

x	$\cdots$	$\dfrac{1}{8}$	$\dfrac{1}{4}$	$\dfrac{1}{2}$	1	2	4	8	$\cdots$
$y=\log_2 x$	$\cdots$	-3	-2	-1	0	1	2	3	$\cdots$

x	$\cdots$	$\dfrac{1}{8}$	$\dfrac{1}{4}$	$\dfrac{1}{2}$	1	2	4	8	$\cdots$
$y=\log_{\frac{1}{2}} x$	$\cdots$	3	2	1	0	-1	-2	-3	$\cdots$

描点连线,图 2-29 是函数 $y=\log_2 x$ 的图像,图 2-30 是 $y=\log_{\frac{1}{2}} x$ 的图像.

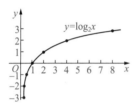

图 2-29

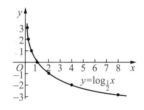

图 2-30

由图 2-29 和图 2-30 可以看出,这两个对数函数的图像都具有以下特点.

(1) 图像在 y 轴的右方.

(2) 图像都过点 $(1,0)$.

(3) $y=\log_2 x$ 在 $(0,+\infty)$ 上是增函数;$y=\log_{\frac{1}{2}} x$ 在 $(0,+\infty)$ 上是减函数.

一般地,可以总结出对数函数 $y=\log_a x$ 在 $a>1$ 及 $0<a<1$ 时的图像和性质,如下表.

函数	$y=\log_a x$	
a 的范围	$a>1$	$0<a<1$
图像		

续表

定义域	$(0, +\infty)$	
值域	$(-\infty, +\infty)$	
性质	1. 过点$(1,0)$，即 $x=1$ 时，$y=0$	
	2. 在$(0, +\infty)$上是增函数	2. 在$(0, +\infty)$上是减函数

通常将以 10 为底数的对数叫做常用对数，简记：$\lg x$

通常将以无理数 e 为底数的对数叫做自然对数，简记：$\ln x$

【例 39】 下列函数在$(0, +\infty)$上是增函数还是减函数？为什么？

(1) $y=\log_3 x$；　　(2) $y=\lg x$；　　(3) $y=\log_{0.3} x$.

【解】 由 $y=\log_a x(a>1)$ 在 $x>0$ 上为增函数得 $y=\log_3 x$ 与 $y=\lg x$ 在$(0, +\infty)$上都为增函数；

由 $y=\log_a x(0<a<1)$ 在 $x>0$ 上为减函数得 $y=\log_{0.3} x$ 在$(0, +\infty)$上为减函数.

课堂练习

1. 判断对错.

(1) $y=\lg x$ 是减函数；

(2) $y=\log_2 x$ 的定义域为$[0, +\infty)$；

(3) $\log_{\frac{1}{2}} 1<0$.

2. 函数 $y=\lg x$ 的图像必经过_____点，即 $x=$_____时，$y=$_____.

3. 若 $\log_3 x>1$，则 x 的取值范围是_____.

2.4.2　对数函数的应用举例

【例 40】 求 $y=\log_3(x+2)$ 的定义域.

【解】 要使 $\log_3(x+2)$ 有意义，必须有 $x+2>0$，即 $x>-2$，所以 $y=\log_3(x+2)$ 的定义域是$(-2, +\infty)$.

【例 41】 根据对数的性质，比较下列各组数的大小.

(1) $\lg 3$ 与 $\lg 5$；　　(2) $\log_{0.1} 5$ 与 $\log_{0.1} 3$.

【解】 (1) $\lg 5>\lg 3$；(2)可看作函数 $y=\log_{0.1} x$ 当 x 分别为 5，3 时的函数值，因为 $y=\log_{0.1} x$ 在$(0, +\infty)$上是减函数，且 $5>3$，所以 $\log_{0.1} 5<\log_{0.1} 3$.

【例 42】 一座厂房原价值 300 万元，按平均每年 8% 折旧，经过 y 年后厂房房残值为 x 万元，试求：

(1) y 关于 x 的函数关系式；

(2) 问经过几年后厂房房残值为 200 万元(结果保留整数位).

【解】 (1) 由题意可得. 厂房原价值 300 万元，按平均每年 8% 折旧.

经过 1 年，厂房残值是 $300(1-8\%)=300\times 0.92$；

经过 2 年，厂房残值是 $300(1-8\%)^2=300\times 0.92^2$；

……

经过 y 年, 厂房残值是 $x = 300 \times 0.92^y$.

即 $0.92^y = \dfrac{x}{300}$,

所以 $y = \log_{0.92} \dfrac{x}{300}$.

(2) 将 $x = 200$ 代入 $y = \log_{0.92} \dfrac{x}{300}$ 中, 得 $y = \log_{0.92} \dfrac{200}{300}$,

用换底公式得 $y = \dfrac{\lg \dfrac{2}{3}}{\lg 0.92}$.

用计算器计算, 按键次序为: $2 \div 3 = \boxed{\log} \div 0.92 \boxed{\log} =$, 显示: 4.86.

所以 $y = 5$(年).

【答】 约经过 5 年后厂房残值为 200 万元.

课堂练习

1. 求下列函数的定义域.

(1) $y = \log_2(1-x)$; (2) $y = \log_4 x^2$; (3) $y = \log_3 \dfrac{1}{1-3x}$; (4) $y = \dfrac{1}{\log_2 x}$;

(5) $y = \log_{0.4}(2x+3)$; (6) $y = \log_4(9-x^2)$; (7) $y = \sqrt{\log_3 x}$; (8) $y = \sqrt{\log_{0.5} 4x - 3}$.

2. 比较大小(说明理由).

(1) $\log_3 \dfrac{1}{3}$ _____ 0; (2) $\lg 0.5$ _____ 0; (3) $\lg_4 3$ _____ 1.

(4) $\log_2 3.4$ _____ $\log_2 8.5$ (5) $\log_{0.3} 1.8$ _____ $\log_{0.3} 2.7$

(6) $\log_{\frac{2}{3}} 0.3$ _____ $\log_{\frac{2}{3}} 0.6$

3. 为实现建设小康社会的目标, 我国计划自 2000 年起国民生产总值增长率保持在 7.2%, 你能计算出多少年后我国国民生产总值能翻一番吗?

习题2.4

1. 求下列函数的定义域.

(1) $y = \lg(1-3^x)$; (2) $y = \lg(x^2-3x+2)$; (3) $y = \log_{\frac{1}{2}} \sqrt{3-2x-x^2}$;

(4) $y = \log_4(32-4^x)$.

2. 比较下列大小.

(1) $\log_2 \dfrac{3}{2}$ _____ 1; (2) $\log_{\frac{1}{2}} \dfrac{3}{2}$ _____ 0;

(3) $\log_4 3$ _____ 0; (4) $\log_{0.5} 0.5$ _____ 1.

3. 已知下列不等式,比较正数 m、n 的大小.

(1) $\log_3 m < \log_3 n$;

(2) $\log_{0.3} m > \log_{0.3} n$;

(3) $\log_a m < \log_a n (0 < a < 1)$;

(4) $\log_a m > \log_a n (a > 1)$.

4. 已知 $\log_a \dfrac{2}{3} < 1$,求 a 的取值范围.

5. 求下列函数的反函数.

(1) $y = 2^x (x \in \mathbf{R})$;   (2) $y = \log_{\frac{1}{2}} x$;   (3) $y = 0.5^x (x \in \mathbf{R})$;   (4) $y = \lg x (x > 0)$;

(5) $y = 2\log_4 x (x > 0)$;   (6) $y = \log_a(2x) (a > 0$ 且 $a \neq 1, x > 0)$.

6. 利用函数的性质比较下列各题中两个实数的大小.

(1) $\log_3 3.5$ 与 $\log_3 3.8$;   (2) $\log_{\frac{1}{3}} 0.3$ 与 $\log_{\frac{1}{3}} 0.5$.

7. 假设你现在有一台计算机价值 5 000 元,如果这台计算机以每年 15% 贬值,请分别用指数函数和对数函数的形式写出该计算机的价值 y 与所经过的时间 x(年数)的关系,并求 5 年后这台计算机的价值.

本章小结与复习

本章主要内容是集合初步知识与函数概念及性质、指数函数、对数函数.

一、集合

1. 集合的概念

集合是指由一些确定的对象组成的整体. 其中每一个对象叫做这个集合中的元素.

(1) 元素与集合的关系是属于与不属于的关系.

属于. a 是集合 A 的元素,则 $a \in A$;

不属于. b 不是集合 A 的元素,则 $b \notin A$.

集合中的元素具有确定性、互异性和无序性.

集合的表示法,常用的有列举法和描述法.

常见的集合有:自然数集 $\mathbf{N}$,正整数集 $\mathbf{N}^*$,整数集 $\mathbf{Z}$,有理数 $\mathbf{Q}$,实数集 $\mathbf{R}$,空集 $\varnothing$.

(2) 集合与集合之间的关系是包含(或不包含)、相等的关系.

包含:A 是 B 的子集,$A \subseteq B$(B 包含 A);A 是 B 的真子集,$A \subsetneqq B$.

空集是任何集合的子集,空集是任何非空集合的真子集.

包含具有传递性. 若 $A \subseteq B$,$B \subseteq C$,则 $A \subseteq C$.

相等. 若 $A \subseteq B$ 且 $B \subseteq A$,那么 $A = B$.

2. 集合的运算

(1) 交集. $A \cap B = \{x \mid x \in A$ 且 $x \in B\}$.

(2) 并集. $A \cup B = \{x \mid x \in A$ 或 $x \in B\}$.

61

3. 区间

设 $a, b \in \mathbf{R}$，且 $a < b$，介于 a, b 之间的全体实数的集合叫做区间. a, b 叫做区间的端点, $b - a$ 叫做区间的长. 当区间的长有限时，叫做有限区间，否则叫做无限区间. 包含端点叫做"闭"，不包括端点叫"开". 有限区间共有 4 种，分别是满足 $a \leqslant x \leqslant b$ 的实数 x 的集合叫做闭区间，记作 $[a, b]$；满足 $a < x < b$ 的实数 x 的集合叫做开区间，记作 (a, b)；满足 $a < x \leqslant b$ 的实数 x 的集合记作 $(a, b]$；满足 $a \leqslant x < b$ 的实数 x 的集合，记作 $[a, b)$，它们叫做以 a, b 为端点的半开(半闭)区间. 无限区间有 $(-\infty, b), [b, +\infty), (-\infty, a], (a, +\infty), (-\infty, +\infty)$ 等 5 种.

二、函数

1. 函数的概念及性质

在一个变化过程中有两个变量 x 与 y，如果对于 x 的每一个值，y 都有唯一的值与它对应，那么就说 x 是自变量，y 是 x 的函数.

自变量取的全体值构成的数集叫做函数的定义域，全体函数值组成的集合叫做函数的值域.

函数的表示法有三种. (1) 解析法——用含自变量 x 的式子表示函数 y 的这种函数关系的方法叫做解析法. (2) 列表法——把自变量的值和所对应的函数值列出表格，用表格表示函数关系的方法叫做列表法. (3) 图像法——用坐标系内的曲线表示函数关系的方法叫做图像法.

2. 函数的单调性与奇偶性

(1) 单调性(增减性). 设函数 $f(x)$ 的定义域为 A，区间 $I \subseteq A$. 如果对于任意的 $x_1, x_2 \in I$，当 $x_1 < x_2$ 时，都有

$$f(x_1) < f(x_2),$$

则称函数 $f(x)$ 在区间 I 上是严格递增的(或者说 $f(x)$ 在区间 I 上是增函数)，称区间 I 是 $f(x)$ 的单调上升区间.

设函数 $f(x)$ 的定义域为 A，区间 $I \subseteq A$. 如果对于任意的 $x_1, x_2 \in I$，当 $x_1 < x_2$ 时，都有

$$f(x_1) > f(x_2),$$

则称函数 $f(x)$ 在区间 I 上是严格递减的(或者说 $f(x)$ 在区间 I 上是减函数)，称区间 I 是 $f(x)$ 的单调下降区间.

(2) 奇偶性. 设函数 $y = f(x)$ 的定义域为 A，若 $x, -x \in A$，且 $f(-x) = f(x)$，那么函数 $y = f(x)$ 叫做偶函数. 偶函数的图像关于 y 轴对称.

设函数 $y = f(x)$ 的定义域为 A，若 $x, -x \in A$，且 $f(-x) = -f(x)$，那么函数 $y = f(x)$ 叫做奇函数. 奇函数的图像关于原点中心对称.

(3) 既不是奇函数，也不是偶函数的函数叫做非奇非偶函数.

三、指数函数

形如 $y = a^x$ 的函数叫做指数函数，其中 a 是一个大于零且不等于 1 的常量，x 是自变量，它的定义域是实数集 $\mathbf{R}$.

指数函数 $y = a^x (a > 0$ 且 $a \neq 1)$ 无论底数 $a > 1$ 还是 $0 < a < 1$，其图像均在 x 轴上方；都过 $(0, 1)$ 点. 当 $a > 1$ 时，在 $(-\infty, +\infty)$ 上是增函数. 当 $0 < a < 1$ 时，在 $(-\infty, +\infty)$ 上是减

函数.

四、对数函数

形如 $y=\log_a x$ $(a>0$ 且 $a\neq1)$ 的函数叫做对数函数, 其中 x 是自变量, 它的定义域是 $(0,+\infty)$.

对数函数 $y=\log_a x$ $(a>0$ 且 $a\neq1)$ 无论底数 $a>1$ 还是 $0<a<1$, 图像均在 y 轴的右侧, 图像都过点 $(1,0)$. 当 $a>1$ 时, 在 $(0,+\infty)$ 上是增函数. 当 $0<a<1$ 时, 在 $(0,+\infty)$ 上是减函数.

复习题二

一、填空题

1. 用适当的符号 $(\in,\notin,=,\subsetneqq,\supsetneqq)$ 填空.

    (1) -1 _____ $\mathbf{N}$;   (2) $\{0\}$ _____ $\varnothing$;   (3) $\mathbf{Z}$ _____ $\mathbf{Q}$;   (4) $\sqrt{2}$ _____ $\{\sqrt{2}\}$;

    (5) $\{-1\}$ _____ $\{x|x^2-1=0\}$;   (6) -1 _____ $\{x|x^2-1=0\}$;

    (7) $\{-1,-2\}$ _____ $\{x|x^2+3x+2=0\}$.

2. 用适当的方法(列举法或描述法)表示集合.

    (1) 方程 $x+2=0$ 的解集 _____;

    (2) 不等式 $2x<7$ 的解集 _____;

    (3) 不大于 8 且不小于 2 的整数集 _____.

3. 设集合 $A=\{1,2,3\}$, $B=\{3,4,5,6\}$, 则 $A\cap B=$ _____; $A\cup B=$ _____.

4. 集合 $\{x|x<-2\}$ 用区间表示为 _____.

5. 集合 $\{x|-4<x<1\}$ 用区间表示为 _____.

6. 函数 $y=\sqrt{1-x}+\sqrt{x+3}$ 的定义域是 _____.

7. 已知 y 与 x 成正比例, 且当 $x=2$ 时, $y=3$, 那么 $x=-4$ 时, $y=$ _____.

8. 已知 $y=f(x)$ 为偶函数, 且 $f(1)=2$, $f(2)=-8$, 则 $f(-2)+f(-1)=$ _____.

9. 利用指数函数的单调性, 比较下列各组数的大小.

    (1) $2^{2.1}$ _____ $2^{1.8}$;   (2) $1.5^{-1.8}$ _____ $1.5^{-1.3}$.

10. 利用对数函数的单调性, 比较下列各题中两个数的大小.

    (1) $\log_5 8.3$ _____ $\log_5 8.5$;   (2) $\log_{\frac{1}{2}}\frac{1}{3}$ _____ $\log_{\frac{1}{2}}\frac{1}{4}$.

二、选择题

1. 若集合 $H=\{x|x\in\mathbf{N}$ 且 $-3<x<2\}$, 则 H 为   (   )

    A. $\{x|-3<x<2\}$ B. $\{0,1\}$

    C. $-2,-1,0,1$ D. $\{2,-1,0,1\}$

2. 已知集合 $M=\{1, 2, 3\}$，则 M 的真子集的个数是 （　　）

　　A. 4　　　　　　B. 5　　　　　　C. 6　　　　　　D. 7

3. 下面哪组给出的两个集合没有包含关系 （　　）

　　A. $\{0\}$ 与 $\varnothing$　　　　　　B. $\{0, 1, 2\}$ 与 $\{0, 1\}$

　　C. $\{0, 1, 2\}$ 与 $\{1, 2, 3\}$　　D. Q 与 Z

4. 集合 $\{x|-2<x\leqslant 6\}$ 用区间表示为 （　　）

　　A. $(-2, 6)$　　　　　　B. $[-2, 6]$

　　C. $[-2, 6)$　　　　　　D. $(-2, 6]$

5. $(\{1, 3, 5, 7, 9\}\bigcup\{0, 3, 6, 9\})\bigcap\{0, 2, 4, 6, 8\}$ 等于 （　　）

　　A. $\{0, 1, 3, 5, 6, 7, 9\}$　　B. $\{3, 5, 6, 7\}$

　　C. $\{0, 6\}$　　　　　　D. $\{2, 4, 8\}$

6. 函数 $y=\dfrac{1}{\sqrt{x-2}}$ 的定义域是 （　　）

　　A. $[2, +\infty)$　　　　　　B. $(2, +\infty)$

　　C. $(-8, 2)$　　　　　　D. $(-\infty, 2]$

7. 下列函数中是奇函数的是 （　　）

　　A. $y=5x^2$　　　　　　B. $y=-\sqrt{x}$

　　C. $y=\dfrac{x}{1-x^2}$　　　　　　D. $y=2^x$

8. 函数 $y=x^2$ 的单调递减区间是 （　　）

　　A. $(0, +\infty)$　　　　　　B. $(-\infty, 0)$

　　C. $(-\infty, -1)$　　　　　　D. $(-1, +\infty)$

9. 函数 $y=x^3$，$y=4^x$，$y=\log_2 x$，$y=\dfrac{1}{2}x$ 中是奇函数的为 （　　）

　　A. $y=x^3$，$y=4^x$　　　　　　B. $y=\log_2 x$，$y=\dfrac{1}{2}x$

　　C. $y=4^x$，$y=\log_2 x$　　　　　　D. $y=x^3$，$y=\dfrac{1}{2}x$

10. 函数 $y=x^3$，$y=4^x$，$y=\log_2 x$，$y=\dfrac{1}{2}x$ 中是增函数的为 （　　）

　　A. $y=x^3$，$y=4^x$

　　B. $y=x^3$，$y=4^x$，$y=\log_2 x$，$y=\dfrac{1}{2}x$

　　C. $y=4^x$，$y=\log_2 x$

　　D. $y=x^3$，$y=\log_2 x$

三、解答题

1. 设 $A=\{1, 2, 3\}$，$B=\{3, 5\}$，$C=\{2, 6, 7\}$，求 $A\bigcap(B\bigcup C)$.

2. 若 $A=\{3, 4\}$，满足 $A\bigcup B=A$，写出所有满足条件的集合 B.

3. 已知 $f(x)=4x^2+1$，求 $f(-2)$，$f(-1)$，$f(0)$.

4. 求下列函数的定义域.

　　(1) $y=5x+4$;

　　(2) $y=\dfrac{1}{x-7}$;

　　(3) $y=\log_5(1+3x)$.

5. 判断下列函数的奇偶性.

　　(1) $y=a^x+a^{-x}$;

　　(2) $y=\lg(1-x)-\lg(1+x)$.

6. 某林场造林面积平均每年增长 18%,经 x 年后造林面积为原来的 y 倍,试求.

　　(1) y 与 x 的函数关系;

　　(2) 5 年后造林面积是原来的多少倍?

7. 1977 年创办的驰名全球的苹果电脑公司,销售量以每年平均 171% 的增长速度递增. 若当年的销售额为 250 万美元,试问经过几年公司的销售额能增加到 5 亿美元?

阅 读 材 料

对数的发明

　　16、17 世纪,随着天文、航海、工程、贸易以及军事的发展,改进数字计算方法成了当务之急. 苏格兰数学家纳皮尔(J. Napier,1550 年－1617 年)正是在研究天文学的过程中,为了简化其中的计算而发明了对数. 对数的发明是数学史上的重大事件,天文学界更是以近乎狂喜的心情来迎接这一发明. 恩格斯曾经把对数的发明与解析几何的创始、微积分的建立并称为 17 世纪数学的三大成就,伽利略也说过:"给我空间、时间及对数,我就可以创造一个宇宙."

　　对数发明之前,人们对三角运算中将三角函数的积化为三角函数的和或差的方法已很熟悉,而且德国数学家斯蒂弗尔(M. Stifel,约 1487 年－1567 年)在《综合算术》(1544)中阐述的

$$1,r,r^2,r^3,\cdots \tag{1}$$

与

$$0,1,2,3,\cdots$$

之间的对应关系($rn\to n$)及运算性质(即上面一行数字的乘、除、乘方、开方对应于下面一行数字的加、减、乘、除)也已广为人知. 经过对运算体系的多年研究,纳皮尔在 1614 年出版了《奇妙的对数定律说明书》,书中借助运动学,用几何术语阐述了对数方法.

　　如图,假定两点 P、Q 以相同的初速度运动. 点 Q 沿直线 CD 做匀速运动,$CQ=x$;点 P 沿线段 AB(长度为 10^7 单位)运动,它在任何一点的速度等于它尚未经过的距离($PB=y$). 令 P 与 Q 同时分别从 A、C 出发,那么,定义 x 为 y 的对数.

纳皮尔认为，（1）中的两个数的间隔应当尽量小. 为此，他选择了 $r=1-10^{-7}=0.9999999$. 为了避开小数点的麻烦，他又把每个幂都乘上 10^7. 于是，就有了线段 AB 的长度为 10^7 单位. 这样，用现在的数学符号来叙述，纳皮尔的对数中，x 与 y 的对应关系就是：

$$y=10^7\left(\frac{1}{\mathrm{e}}\right)^{\frac{x}{10^7}}.$$

其中，e 为自然对数的底. 利用对数，纳皮尔制作了 $0°\sim90°$ 每隔 $1'$ 的八位三角函数表.

将对数加以改造使之广泛流传的是纳皮尔的朋友布里格斯（H. Briggs，1561 年－1631 年）. 他通过研究《奇妙的对数定律说明书》，感到其中的对数用起来很不方便，于是与纳皮尔商定，使 1 的对数为 0，10 的对数为 1，这样就得到了现在所用的以 10 为底的常用对数. 由于我们的数系是十进制，因此它在数值计算上具有优越性. 1624 年，布里格斯出版了《对数算术》，公布了以 10 为底包含 1~20 000 及 90 000~100 000 的 14 位常用对数表.

根据对数运算原理，人们还发明了对数计算尺. 300 多年来，对数计算尺一直是科学工作者，特别是工程技术人员必备的计算工具，直到 20 世纪 70 年代才让位给电子计算器. 尽管作为一种计算工具，对数计算尺、对数表都不再重要了，但是，对数的思想方法却仍然具有生命力.

从对数发明的过程我们可以发现，纳皮尔在讨论对数概念时，并没有使用指数与对数的互逆关系. 造成这种状况的主要原因是当时还没有明确的指数概念，就连指数符号也是在 20 多年后的 1637 年才由法国数学家笛卡儿（R. Descartes，1596 年－1650 年）开始使用. 直到 18 世纪，才由瑞士数学家欧拉（L. Euler，1707 年－1783 年）发现了指数与对数的互逆关系. 在 1770 年出版的一部著作中，欧拉首先使用 $y=a^x$ 来定义 $x=\log_a y$. 他指出，"对数源出于指数". 对数的发明先于指数，成为数学史上的珍闻.

从对数的发明过程可以看到，社会生产、科学技术的需要是数学发展的主要动力. 建立对数与指数之间联系的过程表明，使用较好的符号体系对于数学的发展是至关重要的. 实际上，好的数学符号能够大大地节省人的思维负担. 数学家们对数学符号体系的发展与完善作出了长期而艰苦的努力.

自由落体运动的数学模型 $h(t)=\dfrac{1}{2}gt^2$

数字模型方法（mathematical modeling method），一是把实际问题加以抽象概括，建立相应的数学模型，利用这些模型来研究实际问题的一般数学方法.

什么叫数学模型呢？简单地说，数学模型就是把实际问题用数学语言抽象概括，再从数学角度来反映或近似地反映实际问题时，所得出的关于实际问题的数学描述. 数学模型的形式是多样的，它们可以是几何图形，也可以是方程式，函数解析式等等. 实际问题越复杂，相应的数学模型也就越复杂.

怎样用数学模型方法研究实际问题呢？让我们回顾一下意大利科学家伽利略（Galileo Galilei，1564 年－1642 年，意大利物理学家、天文学家）研究自由落体的过程.

16 世纪 80 年代，比萨大学的青年数学教授伽利略对自由落体运动非常感兴趣. 他通过对实际问题的反复观察实验，发现自由落体运动与物体的轻重无关. 据传他曾从比萨斜塔上让两个重量不同的球同时下落，人们惊奇地发现它们同时着地. 这样就推翻了已经被人们信奉了两千年之久的亚里士多德的旧落体定律——物体下落的速度与它的重量成正比.

否定了旧的落体定律之后,伽利略进一步研究自由落体的运动规律.他从理论和实验两个方面入手,发现下落的距离 h、下落的速度 u 都随下落的时间 t 变化.用现代的数学语言说,这就是函数关系式 $h(t)=\dfrac{1}{2}gt^2$,这里 g 是物体重力加速度,$\dfrac{1}{2}g$ 这个常数正是 h 与 t^2 的正比例系数.正是 $h(t)=\dfrac{1}{2}gt^2$ 这个数学模型反映了自由落体运动这个实际问题的本质规律.伽利略利用这一模型又进一步计算出:自由落体从开始下落起,连续相等时间间隔内下落的距离之比为 $1:3:5:7\cdots$.我们可以把这一计算过程表示如下:

$h(1)=\dfrac{1}{2}g.$

$h(2)-h(1)=\dfrac{1}{2}g(4-1)=3h(1),$

$h(3)-h(2)=\dfrac{1}{2}g(9-4)=5h(1),$

$h(4)-h(3)=\dfrac{1}{2}g(16-9)=7h(1),$

$\cdots$

从理论上得出上述结论后,伽利略又用实验方法验证它们是否符合实际现象.为了克服自由落体速度快而不易观测的困难,他利用小球在斜面下降的实验,观察、记录数据、分析实验结果,然后再把所得结论推广到斜面倾角为 $90°$ 的情形.实验结果证实了他建立的数学模型客观地反映了实际问题的本身规律.这样人们对自由落体运动有了正确的认识,并且获得解决有关问题的方法.

伽利略是近代科学史上使用数学模型方法的先驱,从他为自由落体运动建立数学模型 $h(t)=\dfrac{1}{2}gt^2$ 的过程,可以反映出数学模型方法解决问题的基本步骤.这些步骤用框图表示如下.

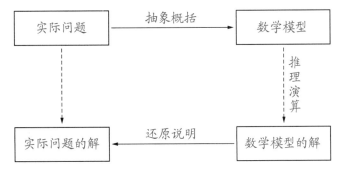

第3章

三角函数

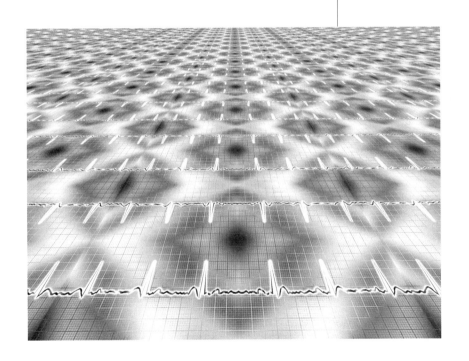

三角函数是中学数学的重要内容之一，无论是在工程测量中的解三角形还是在电工学中的研究周期性运动规律，三角函数都有着广泛的应用．本章将用集合与函数的知识研究任意角的三角函数，掌握一些基本的三角函数关系式和三角式的变形方法，并在此基础上了解三角函数的图像和性质．这些知识在今后的学习和研究中起着十分重要的作用．

3.1 角的概念及推广

3.1.1 角的概念推广

角可以看成平面内一条射线绕着它的端点旋转而成的，射线的端点叫做角的顶点，射线旋转开始的位置叫做角的始边，旋转终止时的位置叫做角的终边．

在平面内，一条射线绕着它的端点旋转有两个相反的转向，顺时针方向和逆时针方向．习惯上规定，按逆时针方向旋转而成的角叫做正角；按顺时针方向旋转而成的角叫做负角；当射线没有旋转时，也把它看成一个角，叫做零角，如图 3-1 所示，正角 $\alpha = 450°$，负角 $\beta = -630°$．

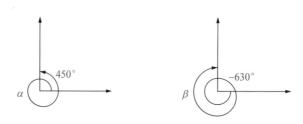

图 3-1

今后，我们将在直角坐标系中讨论角，定义角的顶点与坐标原点重合，角的始边与 x 轴正半轴重合，它的终边落在第几象限，就叫做第几象限的角，如果角的终边落在坐标轴上，就认为这个角不属于任何象限．如图 3-2 所示，30°角是第 I 象限的角，150°角是第 II 象限的角，−60°角第 IV 象限的角，而 90°角不属于任何象限．

通过观察可以发现，在直角坐标系中，不同大小的角可以有相同的终边，如图 3-3 所示，若 30°角的终边是 OA，则终边为 OA 的角可以是

$$\alpha = 30°$$
$$\alpha_1 = 360° + 30° = 390°$$
$$\alpha_2 = 2 \times 360° + 30° = 750°$$
$$\cdots$$

或
$$\beta_1 = -360° + 30° = -330°$$
$$\beta_2 = -2 \times 360° + 30° = -690°$$
$$\cdots$$

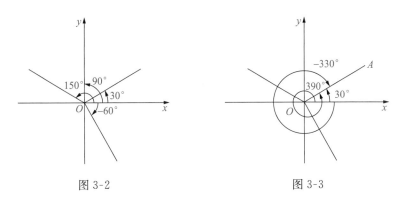

图 3-2   图 3-3

不难看出所有这些 $30°,390°,750°\cdots$ 或 $-330°,-690°\cdots$，这些角都有相同的终边，而它们的度数彼此相差 $360°$ 的整数倍.

一般地，所有与角 α 终边相同的角构成的集合为
$$\{x \mid x = k \cdot 360° + \alpha, k \in \mathbf{Z}\}.$$

即任一与角 α 终边相同的角，都可以表示成角 α 与整数倍周角的和.

【例1】 写出与下列各角终边相同的角的集合，并指出它们是哪个象限的角.

(1) $45°$；　　　(2) $135°$；　　　(3) $240°$；　　　(4) $330°$.

【解】 (1) 与 $45°$ 终边相同角的集合是
$$S_1 = \{\alpha \mid \alpha = k \cdot 360° + 45°, k \in \mathbf{Z}\}.$$

因为 $45°$ 是第Ⅰ象限的角，所以集合 S_1 中的角都是第Ⅰ象限的角.

(2) 与 $135°$ 终边相同的角的集合是
$$S_2 = \{\alpha \mid \alpha = k \cdot 360° + 135°, k \in \mathbf{Z}\}.$$

因为 $135°$ 是第Ⅱ象限的角，所以集合 S_2 中的角都是第Ⅱ象限的角.

(3) 与 $240°$ 终边相同的角的集合是
$$S_3 = \{\alpha \mid \alpha = k \cdot 360° + 240°, k \in \mathbf{Z}\}.$$

因为 $240°$ 是第Ⅲ象限的角，所以集合 S_3 中的角都是第Ⅲ象限的角.

(4) 与 $330°$ 终边相同的角的集合是
$$S_4 = \{\alpha \mid \alpha = k \cdot 360° + 330°, k \in \mathbf{Z}\}.$$

因为 $330°$ 是第Ⅳ象限的角，所以集合 S_4 中的角都是第Ⅳ象限的角.

【例2】 在 $0°\sim360°$ 之间(即 $0°\leqslant\alpha<360°$)，找出与下列各角终边相同的角，并分别判定各是哪个象限的角.

(1) $-120°$；　　　(2) $640°$；　　　(3) $-950°$.

【解】 (1) 因为 $-120° = -360° + 240°$.

所以 $-120°$ 与 $240°$ 的角的终边相同，它是第Ⅲ象限的角.

(2) 因为 $640° = 360° + 280°$.

所以 $640°$ 的角与 $280°$ 的角的终边相同, 它是第 IV 象限的角.

(3) 因为 $-950°=-3×360°+130°$.

所以 $-950°$ 的角与 $130°$ 的角的终边相同, 它是第 II 象限的角.

【例 3】 写出终边在 y 轴上的角的集合.

【解】 终边在 y 轴的正半轴上的一个角为 $90°$, 终边在 y 轴负半轴上的一个角为 $-90°$ (见图 3-4), 因此, 终边在 y 轴的正半轴、负半轴上的角的集合分别是

$$S_1=\{\alpha|\alpha=k\cdot360°+90°, k\in\mathbf{Z}\}$$
$$S_2=\{\alpha|\alpha=k\cdot360°-90°, k\in\mathbf{Z}\}$$

所以终边在 y 轴上角的集合为

$$S_1\bigcup S_2=\{\alpha|\alpha=k\cdot360°+90°, k\in\mathbf{Z}\}$$
$$\bigcup\{\alpha|\alpha=k\cdot360°-90°, k\in\mathbf{Z}\}$$
$$=\{\alpha|\alpha=k\cdot180°+90°, k\in\mathbf{Z}\}$$

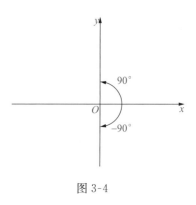

图 3-4

课堂练习

1. 画出下列各角, 并指出是哪个象限的角?

$45°$, $120°$, $210°$, $315°$, $-60°$, $-135°$, $-310°$, $-420°$.

2. 写出与下列各角终边相同的角的集合.

$30°$, $60°$, $120°$, $-45°$, $-120°$

3. 在 $0°\sim360°$ 之间, 找出与下列各角终边相同的角, 并判断它们各是哪个象限的角.

(1) $-45°$;   (2) $760°$;   (3) $-480°$.

4. 写出与下列各角终边相同的角的集合, 并指出集合中的在 $-360°\sim360°$ 之间的角.

(1) $45°$;   (2) $-204°$;   (3) $607°$.

5. 若点 $P(-2,1)$ 是角 α 终边上的一点, 则 α 在第几象限?

6. 分别写出终边在 x 轴的正半轴、x 轴的负半轴和 x 轴上的角的集合.

3.1.2 弧度制

把一圆周 360 等分, 则其中 1 份所对的圆心角是 1 度角, 这种用度做单位来度量角的制度叫做角度制, 下面介绍数学和其他科学研究中常用的另一种度量角的制度——弧度制.

把等于半径长的圆弧所对的圆心角叫做 1 弧度的角. 例如, $\overset{\frown}{AB}$ 所对的圆心角就是 1 弧度的角 (见图 3-5), 弧度记作 rad.

于是长为 l 的弧所对的圆心角 (正角)

$$\alpha=\frac{l}{r}(\text{rad}).$$

因为圆周长 $l=2\pi r$, 因此

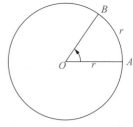

图 3-5

周角 $=\dfrac{l}{r}=\dfrac{2\pi r}{r}=2\pi$ rad.

平角 $=\pi$ rad.

但平角又等于 $180°$，于是可得到角度制与弧度制的换算关系.

$$
\begin{aligned}
&\pi\ \text{rad}=180°\\
&1\ \text{rad}=\left(\dfrac{180}{\pi}\right)°\approx57.30°=57°18'\\
&1°=\dfrac{\pi}{180}\text{rad}\approx0.017\ 45\ \text{rad}
\end{aligned}
$$

(3-1)

由于角有正负，所以规定正角的弧度数为正数，负角的弧度数为负数，零角的弧度数为零.

这种用"弧度"做单位来度量角的制度叫做弧度制. 今后用弧度制表示角的时候，"弧度"二字通常略去不写，例如：$\alpha=2$ 就表示 α 是 2 弧度的角.

【例4】 将下列各度化为弧度.

(1) $30°$；　　(2) $45°$；　　(3) $120°$；　　(4) $-67°30'$

【解】 (1) $30°=30°\times1=30\times\dfrac{\pi}{180}=\dfrac{\pi}{6}$.

(2) $45°=45°\times1=45\times\dfrac{\pi}{180}=\dfrac{\pi}{4}$.

(3) $120°=120°\times1=120\times\dfrac{\pi}{180}=\dfrac{2\pi}{3}$.

(4) $-67°30'=-67.5°=-67.5°\times1=-67.5\times\dfrac{\pi}{180}=-\dfrac{3\pi}{8}$.

【例5】 将下列各弧度化为度.

(1) $\dfrac{\pi}{3}$；　　(2) $\dfrac{3\pi}{5}$；　　(3) $\dfrac{7\pi}{6}$；　　(4) $-\dfrac{5\pi}{6}$.

【解】 (1) $\dfrac{\pi}{3}=\dfrac{1}{3}\times180°=60°$.

(2) $\dfrac{3\pi}{5}=\dfrac{3}{5}\times180°=108°$.

(3) $\dfrac{7\pi}{6}=\dfrac{7}{6}\times180°=210°$.

(4) $-\dfrac{5\pi}{6}=-\dfrac{5}{6}\times180°=-150°$.

一些常用特殊角的度数与弧度数的对应值，如表3-1所示.

表 3-1

度	$0°$	$30°$	$45°$	$60°$	$90°$	$180°$	$270°$	$360°$
弧度	0	$\dfrac{\pi}{6}$	$\dfrac{\pi}{4}$	$\dfrac{\pi}{3}$	$\dfrac{\pi}{2}$	π	$\dfrac{3\pi}{2}$	2π

由弧度的定义，可知弧长 l 与半径 r 的比值等于所对圆心角 α 的弧度数(正值)，即

73

$$\frac{l}{r}=\alpha \quad 或 \quad l=\alpha r.$$

此公式是弧度制下的弧长计算公式.

【例6】 如图3-6所示，$\overparen{AB}$所对的圆心角是$60°$，半径为45，求$\overparen{AB}$的长l（精确到0.1）.

【解】 因为$60°=\frac{\pi}{3}$，

所以$l=\alpha r=\frac{\pi}{3}\times 45\approx 3.14\times 15=47.1$

答：$\overparen{AB}$的长约为47.1.

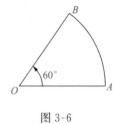

图3-6

课堂练习

1. 将下列各度化为弧度.

   (1) $60°$;   (2) $90°$;   (3) $135°$;   (4) $-30°$;

   (5) $180°$;   (6) $-90°$;   (7) $-180°$;   (8) $-270°$.

2. 将下列各弧度化为度.

   (1) $\frac{\pi}{2}$;   (2) $\frac{\pi}{4}$;   (3) $\frac{3\pi}{4}$;   (4) $\frac{2\pi}{3}$;

   (5) π;   (6) $-\frac{\pi}{3}$;   (7) $-\frac{\pi}{6}$;   (8) $-\frac{3\pi}{2}$.

3. 将下列各度数化为弧度.

   (1) $12°$;   (2) $75°$;   (3) $150°$;   (4) $-210°$;

   (5) $225°$;   (6) $240°$;   (7) $300°$;   (8) $330°$.

4. 时间经过4小时，时针、分针各转了多少度？各等于多少弧度？

5. 在半径不同的同心圆中，同一圆心角所对应的圆弧长与半径的比值是否相等？

6. 一条弧长等于半径，这条弧所对的圆心角是多少弧度？

7. 已知圆的半径为0.5m，分别求2rad、3rad的圆心角所对应的弧长.

8. 用弧度制表示：

   (1) 终边落在y轴上的角的集合.

   (2) 终边落在x轴上的角的集合.

习题 3.1

1. 在直角坐标系中，角α_1，α_2，α_3，α_4的终边分别通过点$P_1(1, 2)$，$P_2(-2, 1)$，$P_3(-4, -5)$，$P_4(5, -6)$，试问角α_1，α_2，α_3，α_4分别是第几象限的角.

2. $\frac{19\pi}{6}$和$\frac{25\pi}{6}$角分别是第几象限的角？

3. 把下列各度化为弧度.

(1) 18°；   (2) −150°；   (3) 735°；   (4) 1080°.

4. 把下列各弧度化为度.

(1) $-\dfrac{\pi}{18}$；   (2) $\dfrac{5\pi}{4}$；   (4) $-\dfrac{2\pi}{3}$；   (4) $\dfrac{8\pi}{3}$.

5. 航海罗盘将圆周分为 32 等份，把每一等份所对圆心角的大小，分别用度与弧度表示出来.

6. 某飞轮直径为 1.2 m，每分钟按逆时针方向旋转 300 圈，求.

(1) 每分钟转过的弧度数；

(2) 轮周上的一点每秒钟经过的弧长.

7. 要在半径 $OA=100$ cm 的圆形板上，截取一块扇形板，使它的圆弧 $\overparen{AB}$ 的长为 112 cm，问截取的圆心角 $\angle AOB$ 的度数是多少(精确到 1°)？

8. 地球赤道的半径是 6 370 km，问赤道上 1° 的弧长是多少 km？

9. 已知圆的半径为 R，求弧长为 $\dfrac{3}{4}R$ 的圆弧所对应的圆心角等于多少度？

10. 分别写出第Ⅰ、第Ⅱ、第Ⅳ象限角的集合(用弧度表示).

11. 已知长为 50 cm 的弧所对的圆心角为 $\dfrac{10\pi}{9}$，求这条弧所在圆的半径(精确到 1 cm).

12. 已知扇形的半径为 R，圆心角为 α，求证该扇形的面积 $S=\dfrac{1}{2}R^2\alpha$.

13. 蒸汽机飞轮的直径为 1.2 m，以 300 r/min(轮/分)的速度作逆时针旋转，求：

(1) 飞轮每 1 s 转的弧度数.

(2) 轮周上一点每 1 s 所转过的弧长.

3.2 任意角的三角函数

3.2.1 任意角的三角函数

1. 任意角三角函数的定义

如图 3-7 所示，设 α 是一个任意角，α 终边上任意一点 P 的坐标是 (x, y)，它与原点的距离是 $r(r=\sqrt{x^2+y^2}>0)$. 定义

$\dfrac{y}{r}$ 叫做角 α 的正弦，记作 $\sin\alpha$，即

$$\sin\alpha=\frac{y}{r}.$$

$\dfrac{x}{r}$叫做角 α 的余弦，记作 $\cos\alpha$，即

$$\cos\alpha=\dfrac{x}{r}.$$

$\dfrac{y}{x}$叫做角 α 的正切，记作 $\tan\alpha$，即

$$\tan\alpha=\dfrac{y}{x}.$$

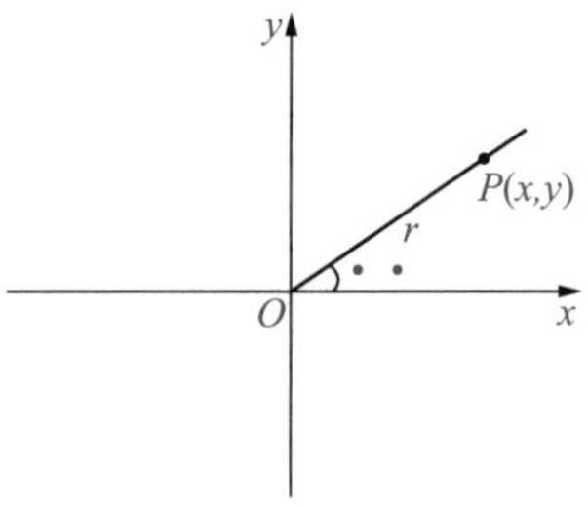

依照上述定义，对于每一个确定的角 α，都分别有唯一确定
的正弦值、余弦值、正切值与之对应，所以这三个对应法则都是
以 α 为自变量的函数，分别称为角 α 的正弦函数、余弦函数和正切函数. 当 α 为锐角时，上
述定义的三角函数，与在直角三角形中所定义的三角函数是一致的.

图 3-7

有时还用到下面三个函数.

角 α 的余切：$\cot\alpha=\dfrac{1}{\tan\alpha}=\dfrac{x}{y}$.

角 α 的正割：$\sec\alpha=\dfrac{1}{\cos\alpha}=\dfrac{r}{x}$.

角 α 的余割：$\csc\alpha=\dfrac{1}{\sin\alpha}=\dfrac{r}{y}$.

这就是说 $\cot\alpha$、$\sec\alpha$、$\csc\alpha$，分别是正切、余弦、正弦的倒数.

由上述定义可知，当 α 的终边在 x 轴上，即 $\alpha=k\pi(k\in\mathbf{Z})$时，$\cot\alpha$、$\csc\alpha$ 没有意义. 当 α
的终边在 y 轴上，即 $\alpha=k\pi+\dfrac{\pi}{2}(k\in\mathbf{Z})$时，$\tan\alpha$、$\sec\alpha$ 没有意义.

本节重点研究正弦函数、余弦函数和正切函数.

【例7】 已知角 α 终边上一点 $P(2，-3)$，求 α 的六个三角函数值(见图 3-8(1)).

【解】 已知 $\qquad P(2，-3)$则 $x=2，y=-3，$

$$r=OP=\sqrt{x^2+y^2}=\sqrt{2^2+(-3)^2}=\sqrt{13}.$$

所以 $\qquad\qquad\qquad \sin\alpha=\dfrac{y}{r}=\dfrac{-3}{\sqrt{13}}=\dfrac{-3\sqrt{13}}{13};$

$$\cos\alpha=\dfrac{x}{r}=\dfrac{2}{\sqrt{13}}=\dfrac{2\sqrt{13}}{13};$$

$$\tan\alpha=\dfrac{y}{x}=-\dfrac{3}{2};$$

$$\cot\alpha=\dfrac{x}{y}=-\dfrac{2}{3};$$

$$\sec\alpha=\dfrac{r}{x}=\dfrac{\sqrt{13}}{2};$$

$$\csc\alpha=\dfrac{r}{y}=-\dfrac{\sqrt{13}}{3}.$$

【例8】 已知角 α 终边上一点 $P(-4，3)$，如图 3-8(2)所示，求 $\sin\alpha+\cos\alpha+\tan\alpha$ 的值.

【解】 已知 $P(-4，3)$，则 $x=-4，y=3，$

$$r=\sqrt{x^2+y^2}=\sqrt{(-4)^2+3^2}=5.$$

所以

$$\sin\alpha=\frac{y}{r}=\frac{3}{5};$$

$$\cos\alpha=\frac{x}{r}=-\frac{4}{5};$$

$$\tan\alpha=\frac{y}{x}=-\frac{3}{4};$$

所以

$$\sin\alpha+\cos\alpha+\tan\alpha=\frac{3}{5}-\frac{4}{5}-\frac{3}{4}=-\frac{19}{20}.$$

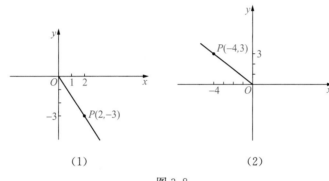

图 3-8

课堂练习

1. 已知点 P 在角 α 的终边上,求角 α 的六个三角函数值.

   (1) $P(\sqrt{3},1)$;　　　　(2) $P(2,2)$;

   (3) $P(2,2\sqrt{3})$;　　　　(4) $P(-1,\sqrt{3})$.

2. 已知角 α 终边上一点 $P(0,1)$,求角 α 的正弦值、余弦值和正切值.

3. 已知角 α 终边上一点 $P(3,0)$,求角 α 的正弦值、余弦值和正切值.

4. 已知 P 为第Ⅳ象限的角 α 终边上的一点,且横坐标 $x=8$,$OP=17$,求角 α 的正弦函数值、余弦函数值和正切函数值.

5. 已知角 α 是第Ⅱ象限的角,并且终边在直线 $y=-x$ 上,求角 α 的正弦函数值、余弦函数值和正切函数值.

2. 一些特殊角的三角函数值

特殊角 0、$\frac{\pi}{2}$、π、$\frac{3\pi}{2}$ 的三角函数值,可由三角函数的定义求出.

(1) 当 $\alpha=0$ 时,在终边上取一点 $P(1,0)$,那么 $x=1$,$y=0$,$r=1$,由此得出 $\sin0=0$,$\cos0=1$,$\tan0=0$,$\cot0$ 不存在.

(2) 当 $\alpha=\frac{\pi}{2}$ 时,在终边上取一点 $P(0,1)$,那么 $x=0$,$y=1$,$r=1$,由此得出 $\sin\frac{\pi}{2}=$

1，$\cos\dfrac{\pi}{2}=0$，$\tan\dfrac{\pi}{2}$ 不存在，$\cot\dfrac{\pi}{2}=0$.

（3）当 $\alpha=\pi$ 时，在终边上取一点 $P(-1,0)$，那么 $x=-1$，$y=0$，$r=1$，由此得出 $\sin\pi=0$，$\cos\pi=-1$，$\tan\pi=0$，$\cot\pi$ 不存在.

（4）当 $\alpha=\dfrac{3\pi}{2}$ 时，在终边上取一点 $P(0,-1)$，那么 $x=0$，$y=-1$，$r=1$，由此得出 $\sin\dfrac{3\pi}{2}=-1$，$\cos\dfrac{3\pi}{2}=0$，$\tan\dfrac{3\pi}{2}$ 不存在，$\cot\dfrac{3\pi}{2}=0$.

上述结果如表 3-2 所示.

表 3-2

α	$0(0°)$	$\dfrac{\pi}{2}(90°)$	$\pi(180°)$	$\dfrac{3\pi}{2}(270°)$
$\sin\alpha$	0	1	0	-1
$\cos\alpha$	1	0	-1	0
$\tan\alpha$	0	不存在	0	不存在
$\cot\alpha$	不存在	0	不存在	0

【例9】 求下列各式的值.

（1）$5\sin90°+2\cos0°-3\sin270°+10\cos180°$.

（2）$\left(\sin\dfrac{3\pi}{2}\right)^2-2\cos\pi+3\tan\pi$.

【解】 （1）查表 3-2

$5\sin90°+2\cos0°-3\sin270°+10\cos180°$.

$=5\times1+2\times1-3\times(-1)+10\times(-1)$

$=5+2+3-10$

$=0$.

（2）查表 3-2

$\left(\sin\dfrac{3\pi}{2}\right)^2-2\cos\pi+3\tan\pi$.

$=(-1)^2-2\times(-1)+3\times0$

$=1+2+0$

$=3$.

3. 三角函数在各象限的符号

由三角函数的定义，以及各象限内点的坐标符号，可以得知.

正弦值 $\dfrac{y}{r}$ 对应第Ⅰ、Ⅱ象限内的角是正的（$y>0$，$r>0$），对应第Ⅲ、Ⅳ象限内的角是负的（$y<0$，$r>0$）.

余弦值 $\dfrac{x}{r}$ 对应第Ⅰ、Ⅳ象限内的角是正的（$x>0$，$r>0$），对应第Ⅱ、Ⅲ象限内的角是负的($x<0,r>0$).

正切值$\dfrac{y}{x}$对应第Ⅰ、Ⅲ象限内的角是正的(x,y同号),对于第Ⅱ、Ⅳ象限内的角是负的(x,y异号).

这三个三角函数的值在各象限内的符号如图 3-9 所示.

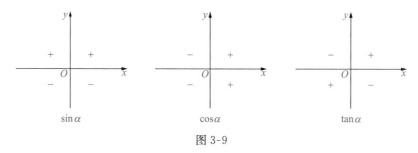

图 3-9

【例 10】 确定下列各三角函数值的符号.

(1) $\sin\left(-\dfrac{\pi}{4}\right)$;   (2) $\cos250°$;

(3) $\tan(-600°)$;   (4) $\cos\dfrac{11\pi}{3}$.

【解】 (1) 因为$-\dfrac{\pi}{4}$是第Ⅳ象限的角,

所以 $\sin\left(-\dfrac{\pi}{4}\right)<0$.

(2) 因为 $250°$是第Ⅲ象限的角,

所以 $\cos250°<0$.

(3) 因为 $-600°=-720°+120°$,

所以$-600°$是第Ⅱ象限的角.

所以 $\tan(-600°)<0$.

(4) 因为 $\dfrac{11\pi}{3}=4\pi-\dfrac{\pi}{3}$,

所以$\dfrac{11\pi}{3}$是第Ⅳ象限的角.

所以 $\cos\dfrac{11\pi}{3}>0$.

【例 11】 根据 $\sin\alpha<0$,且 $\tan\alpha>0$,确定 α 是第几象限的角.

【解】 因为 $\sin\alpha<0$,

所以 α 是第Ⅲ象限或第Ⅳ象限的角或终边在 y 轴的负半轴上.

因为 $\tan\alpha>0$,

所以 α 是第Ⅰ象限或第Ⅲ象限的角.

所以满足 $\sin\alpha<0$,且 $\tan\alpha>0$ 的 α 是第Ⅲ象限的角.

79

4. 终边相同的三角函数

设 α 是任意一个角，$k \in \mathbf{Z}$，试问：

（1）角 $\alpha + 2k\pi$ 的终边与角 α 的终边有什么关系？

（2）$\sin(\alpha + 2k\pi)$ 与 $\sin\alpha$ 有什么关系？

（3）$\cos(\alpha + 2k\pi)$ 与 $\cos\alpha$ 有什么关系？

【分析】 在前面已指出，角 $\alpha + k \cdot 360°$ 的终边与角 α 的终边相同，即角 $\alpha + 2k\pi$ 的终边相同，因此从角的正弦、余弦、正切的定义得出

$$
\begin{aligned}
\sin(\alpha + 2k\pi) &= \sin\alpha, & \alpha \in \mathbf{R}, k \in \mathbf{Z} \\
\cos(\alpha + 2k\pi) &= \cos\alpha, & \alpha \in \mathbf{R}, k \in \mathbf{Z} \\
\tan(\alpha + 2k\pi) &= \tan\alpha, & \alpha \notin \left\{ \frac{\pi}{2} + k\pi \mid k \in \mathbf{Z} \right\}
\end{aligned}
$$

【例 12】 求下列各个角的正弦、余弦、正切：

$$\frac{7\pi}{3}, \frac{9\pi}{4}, \frac{11\pi}{6}.$$

【解】
$$\sin\frac{7\pi}{3} = \sin\left(\frac{\pi}{3} + 2\pi\right) = \sin\frac{\pi}{3} = \frac{\sqrt{3}}{2},$$
$$\cos\frac{7\pi}{3} = \cos\left(\frac{\pi}{3} + 2\pi\right) = \cos\frac{\pi}{3} = \frac{1}{2};$$
$$\tan\frac{7\pi}{3} = \tan\left(\frac{\pi}{3} + 2\pi\right) = \tan\frac{\pi}{3} = \sqrt{3};$$
$$\sin\frac{9\pi}{4} = \sin\left(\frac{\pi}{4} + 2\pi\right) = \sin\frac{\pi}{4} = \frac{\sqrt{2}}{2},$$
$$\cos\frac{9\pi}{4} = \cos\left(\frac{\pi}{4} + 2\pi\right) = \cos\frac{\pi}{4} = \frac{\sqrt{2}}{2},$$
$$\tan\frac{9\pi}{4} = \tan\left(\frac{\pi}{4} + 2\pi\right) = \tan\frac{\pi}{4} = 1;$$
$$\sin\frac{11\pi}{6} = \sin\left(-\frac{\pi}{6} + 2\pi\right) = -\frac{1}{2},$$
$$\cos\frac{11}{6}\pi = \cos\left(-\frac{\pi}{6} + 2\pi\right) = \cos\left(-\frac{\pi}{6}\right) = \frac{\sqrt{3}}{2},$$
$$\tan\frac{11\pi}{6} = \tan\left(-\frac{\pi}{6} + 2\pi\right) = -\frac{\sqrt{3}}{3}.$$

5. 负角的三角函数

角 $\frac{\pi}{4}$ 的终边与单位圆交于点 P，角 $-\frac{\pi}{4}$ 的终边与单位圆交于点 Q，如图 3-10 所示，你能

看出点 P 与 Q 点有什么关系吗?

【分析】 一般地,设 α 是任意一个角,它的终边与单位圆交于点 $P(x,y)$,角 $-\alpha$ 的终边与单位圆交于点 Q,如图 3-11 所示.

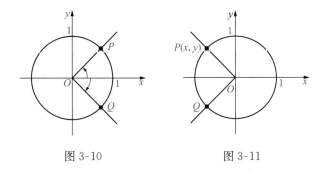

图 3-10   图 3-11

由于 α 角与 $-\alpha$ 角的旋转方向相反,而旋转的数量相同,因此角 α 的终边与 $-\alpha$ 角的终边关于 x 轴对称.从而点 $P(x,y)$ 与点 Q 关于 x 轴对称,由此得出 Q 的坐标为 $(x,-y)$,因此

$$\sin(-\alpha)=-y=-\sin\alpha,$$
$$\cos(-\alpha)=x=\cos\alpha.$$

当 $\alpha\neq\dfrac{\pi}{2}+k\pi(k\in\mathbf{Z})$ 时,有

$$\tan(-\alpha)=\frac{-y}{x}=-\tan\alpha.$$

即

$$
\begin{array}{|l|}
\hline
\sin(-\alpha)=-\sin\alpha,\alpha\in\mathbf{R} \\
\cos(-\alpha)=\cos\alpha,\alpha\in\mathbf{R} \\
\tan(-\alpha)=-\tan\alpha,\alpha\notin\left\{\dfrac{\pi}{2}+k\pi\mid k\in\mathbf{Z}\right\} \\
\hline
\end{array}
$$

【例 13】 求下列各个角的正弦、余弦、正切:

$$-\frac{\pi}{6};-\frac{\pi}{4};-\frac{\pi}{3}.$$

【解】 $\sin\left(-\dfrac{\pi}{6}\right)=-\sin\dfrac{\pi}{6}=-\dfrac{1}{2};$

$\cos\left(-\dfrac{\pi}{6}\right)=\cos\dfrac{\pi}{6}=\dfrac{\sqrt{3}}{2};$

$\tan\left(-\dfrac{\pi}{6}\right)=-\tan\dfrac{\pi}{6}=-\dfrac{\sqrt{3}}{3}.$

$\sin\left(-\dfrac{\pi}{4}\right)=-\sin\dfrac{\pi}{4}=-\dfrac{\sqrt{2}}{2};$

$\cos\left(-\dfrac{\pi}{4}\right)=\cos\dfrac{\pi}{4}=\dfrac{\sqrt{2}}{2};$

$\tan\left(-\dfrac{\pi}{4}\right)=-\tan\dfrac{\pi}{4}=-1.$

$$\sin\left(-\frac{\pi}{3}\right) = -\sin\frac{\pi}{3} = -\frac{\sqrt{3}}{2};$$

$$\cos\left(-\frac{\pi}{3}\right) = \cos\frac{\pi}{3} = \frac{1}{2};$$

$$\tan\left(-\frac{\pi}{3}\right) = -\tan\frac{\pi}{3} = -\sqrt{3}.$$

课堂练习

1. 计算：

    (1) $5\cos270° + 9\sin0° - \sin270°$;

    (2) $3\cos90° + 5\sin0° + \tan0° - \cos180° + \sin180°$;

    (3) $2\cos\frac{\pi}{2} + \cos\pi + \sin\pi - \tan0$;

    (4) $\sin\frac{\pi}{2} - \cos\pi + 5\sin0 + 3\cos\frac{\pi}{2}$;

    (5) $a\sin0 + b\cos\frac{\pi}{2} + c\tan\pi$.

2. $f(x) = \cos x$，求 $f\left(\frac{\pi}{3}\right)$，$f\left(\frac{\pi}{2}\right)$，$f(\pi)$.

3. 根据下列条件，确定 α 是第几象限的角.

    (1) $\sin\alpha > 0$，且 $\cos\alpha < 0$;   (2) $\cos\alpha > 0$，且 $\sin\alpha < 0$;

    (3) $\tan\alpha > 0$，且 $\cos\alpha < 0$;   (4) $\sin\alpha > 0$，且 $\tan\alpha < 0$;

    (5) $\cos\alpha < 0$，且 $\sin\alpha < 0$;   (6) $\tan\alpha > 0$，且 $\cos\alpha > 0$.

4. 确定下列三角函数值的符号.

    (1) $\sin156°$;   (2) $\cos\frac{16}{5}\pi$;   (3) $\cos(-80°)$;

    (4) $\tan(-\frac{17}{8}\pi)$;   (5) $\sin(\frac{3\pi}{4})$;   (6) $\tan556°$;

    (7) $\tan(-\frac{31\pi}{4})$;   (8) $\sin(-1\,050°)$; (9) $\tan\frac{19}{3}\pi$;

    (10) $\cos1\,109°$.

5. 填写表 3-3

表 3-3

α	0	$\frac{\pi}{6}$	$\frac{\pi}{4}$	$\frac{\pi}{3}$	$\frac{\pi}{2}$	π	$\frac{3\pi}{2}$
$\sin\alpha$							
$\cos\alpha$							
$\tan\alpha$							

3.2.2 同角三角函数的基本关系式

由三角函数的定义，可得

$$\sin^2\alpha+\cos^2\alpha=1$$
$$\tan\alpha=\frac{\sin\alpha}{\cos\alpha}$$
$$\tan\alpha\cot\alpha=1$$

(3-2)

这三个关系式是三角函数最基本的关系式，当已知一个角的某一三角函数值时，利用这些关系式和三角函数的定义，就可求出这个角的其余三角函数值. 此外，还可以用它们化简三角函数式和证明三角恒等式.

【例 14】 已知 $\sin\alpha=\dfrac{4}{5}$，且 α 是第Ⅱ象限的角，求角 α 的余弦和正切值.

【解】 由 $\sin^2\alpha+\cos^2\alpha=1$，得

$$\cos\alpha=\pm\sqrt{1-\sin^2\alpha}$$

因为 α 是第Ⅱ象限的角，$\cos\alpha<0$，

所以
$$\cos\alpha=-\sqrt{1-\left(\frac{4}{5}\right)^2}=-\frac{3}{5}$$

$$\tan\alpha=\frac{\sin\alpha}{\cos\alpha}=\frac{\frac{4}{5}}{-\frac{3}{5}}=-\frac{4}{3}.$$

【例 15】 已知 $\tan\alpha=-\sqrt{5}$，且 α 是第Ⅱ象限角，求 α 的正弦和余弦值.

【解】 由题意，得

$$\begin{cases} \sin^2\alpha+\cos^2\alpha=1 & (1) \\ \dfrac{\sin\alpha}{\cos\alpha}=-\sqrt{5} & (2) \end{cases}$$

由式(2)，得

$$\sin\alpha=-\sqrt{5}\cos\alpha$$

代入式(1)整理得

$$6\cos^2\alpha=1$$
$$\cos^2\alpha=\frac{1}{6}$$

因为 α 是第Ⅱ象限的角.

所以
$$\cos\alpha=-\frac{\sqrt{6}}{6}$$

代入式(2)得

83

$$\sin\alpha=-\sqrt{5}\cos\alpha=-\sqrt{5}\left(-\frac{\sqrt{6}}{6}\right)=\frac{\sqrt{30}}{6}$$

【例 16】 已知 $\tan\alpha=-3$，求 $2\sin\alpha\cos\alpha$ 的值.

【解】 由已知，可得方程组.

$$\begin{cases} \dfrac{\sin\alpha}{\cos\alpha}=-3 & (1) \\ \sin^2\alpha+\cos^2\alpha=1 & (2) \end{cases}$$

由式(1)得 $\sin\alpha=-3\cos\alpha$，代入式(2) 得

$$(-3\cos\alpha)^2+\cos^2\alpha=1$$
$$10\cos^2\alpha=1$$
$$\cos^2\alpha=\frac{1}{10}$$

所以 $2\sin\alpha\cos\alpha=2(-3\cos\alpha)\cos\alpha=-6\cos^2\alpha=-6\times\frac{1}{10}=-\frac{3}{5}$.

【例 17】 化简：$\dfrac{\sin\theta-\cos\theta}{\tan\theta-1}$.

【解】 原式$=\dfrac{\sin\theta-\cos\theta}{\dfrac{\sin\theta}{\cos\theta}-1}=\dfrac{\sin\theta-\cos\theta}{\dfrac{\sin\theta-\cos\theta}{\cos\theta}}=\cos\theta.$

【例 18】 求证：

(1) $\sin^4\alpha-\cos^4\alpha=2\sin^2\alpha-1$.

(2) $\tan^2\alpha-\sin^2\alpha=\tan^2\alpha\sin^2\alpha$.

(3) $\dfrac{\cos x}{1-\sin x}=\dfrac{1+\sin x}{\cos x}$.

【证明】 （1）因为 原式左边$=(\sin^2\alpha+\cos^2\alpha)(\sin^2\alpha-\cos^2\alpha)$

$$=\sin^2\alpha-\cos^2\alpha$$
$$=\sin^2\alpha-(1-\sin^2\alpha)$$
$$=2\sin^2\alpha-1$$
$$=右边.$$

所以 $\qquad\qquad\qquad \sin^4\alpha-\cos^4\alpha=2\sin^2\alpha-1.$

（2）因为 原式右边$=\tan^2\alpha(1-\cos^2\alpha)$

$$=\tan^2\alpha-\tan^2\alpha\cos^2\alpha$$
$$=\tan^2\alpha-\frac{\sin^2\alpha}{\cos^2\alpha}\cos^2\alpha$$
$$=\tan^2\alpha-\sin^2\alpha$$
$$=左边$$

所以 $\qquad\qquad\qquad \tan^2\alpha-\sin^2\alpha=\tan^2\alpha\sin^2\alpha.$

（3）因为

$$\frac{\cos x}{1-\sin x}-\frac{1+\sin x}{\cos x}$$
$$=\frac{\cos^2 x-(1-\sin^2 x)}{(1-\sin x)\cos x}$$

$$=\frac{\cos^2 x-\cos^2 x}{(1-\sin x)\cos x}=0$$

所以
$$\frac{\cos x}{1-\sin x}=\frac{1+\sin x}{\cos x}.$$

从例 18 可以看出，证明一个三角等式，可以从它的任一边开始，推出它等于另一边，也可以用作差法证明等式两边的差等于零.

课堂练习

1. 根据下列条件，求 $\sin\alpha$、$\cos\alpha$、$\tan\alpha$ 中其他两个的值.

   (1) $\sin\alpha=\frac{1}{3}$，且 α 是第 Ⅰ 象限的角；

   (2) $\sin\alpha=-\frac{1}{3}$，且 α 是第 Ⅲ 象限的角；

   (3) $\cos\alpha=\frac{4}{5}$，且 α 是第 Ⅳ 象限的角；

   (4) $\tan\alpha=-\frac{3}{4}$，且 α 是第 Ⅱ 象限的角.

2. 化简.

   (1) $\cos\alpha\tan\alpha$；   (2) $(1-\sin x)(1+\sin x)$；

   (3) $(1+\tan^2\alpha)\cos^2\alpha$；   (4) $\frac{2\cos^2 x-1}{1-2\sin^2\alpha}$；

   (5) $\sqrt{1-\sin^2 440°}$；   (6) $\sin\alpha\cos\alpha(\tan\alpha+\cot\alpha)$.

3. 求证.

   (1) $\sin^4\alpha+\sin^2\alpha\cos^2\alpha+\cos^2\alpha=1$；

   (2) $(\sin\alpha+\cos\alpha)^2=1+2\sin^2\alpha\cot\alpha$；

   (3) $\tan^2\theta-\sin^2\theta=\tan^2\theta\cdot\sin^2\theta$.

4. 已知 $\tan\alpha=-4$，求下列各式的值.

   (1) $\sin^2\alpha$；   (2) $3\sin\alpha\cos\alpha$；

   (3) $\cos^2\alpha-\sin^2\alpha$；   (4) $1-2\cos^2\alpha$.

5. 求证.

   (1) $1+\tan^2\alpha=\sec^2\alpha$；   (2) $1+\cot^2\alpha=\csc^2\alpha$.

习题 3.2

1. 已知角 α 的终边经过下列各点，求 α 的六个三角函数值.

   (1) $(-8,-6)$；   (2) $(\sqrt{3},-1)$.

2. 计算.

   (1) $5\sin\frac{\pi}{2}+2\cos 0°-3\sin\frac{3\pi}{2}+10\cos\pi$；

(2) $7\cos 270° + 12\sin 0° + 2\tan 0° - 8\cos 180°$;

(3) $\cos\dfrac{\pi}{3} - \tan\dfrac{\pi}{4} + \dfrac{3}{4}\tan^2\dfrac{\pi}{6} + \sin\dfrac{\pi}{6} + \cos^2\dfrac{\pi}{6}$;

(4) $a^2\cos^2\pi - b^2\sin\dfrac{3\pi}{2} + ab\sin\dfrac{\pi}{2}$.

3. 确定下列三角函数的符号(不求值).

(1) $\tan 505°$;   (2) $\sin 7.6\pi$;

(3) $\tan\left(-\dfrac{3\pi}{4}\right)$;   (4) $\cos\left(-\dfrac{11}{4}\pi\right)$.

4. 根据下列条件,求 $\sin\alpha$、$\cos\alpha$、$\tan\alpha$ 中其他两个的值.

(1) $\sin\alpha = -\dfrac{\sqrt{3}}{2}$,且 α 是第 Ⅳ 象限的角;

(2) $\tan\alpha = -3$,且 α 是第 Ⅱ 象限的角;

(3) $\cos\alpha = \dfrac{12}{13}$,且 α 是第 Ⅳ 象限的角;

(4) $\sin\alpha = -\dfrac{1}{2}$,且 α 是第 Ⅲ 象限的角.

5. 设 α 是三角形的一个内角,在 $\sin\alpha$、$\cos\alpha$、$\tan\alpha$ 中,哪些可能取负值?

6. (1) 已知 $\tan\alpha = 3$,$\pi < \alpha < \dfrac{3\pi}{2}$,求 $\cos\alpha - \sin\alpha$;

(2) 已知 $\cos\alpha = \dfrac{4}{5}$,求 $\dfrac{1}{\cos^2\alpha} + \dfrac{1}{\sin^2\alpha}$.

7. 证明下列恒等式.

(1) $(\cos\alpha - 1)^2 + \sin^2\alpha = 2 - 2\cos\alpha$;

(2) $(\cos\alpha - \cos\beta)^2 + (\sin\alpha - \sin\beta)^2 = 2 - 2(\cos\alpha\cos\beta + \sin\alpha\sin\beta)$;

(3) $\sin^4 x + \cos^4 x = 1 - 2\sin^2 x\cos^2 x$;

(4) $1 + \tan^2\theta = \dfrac{\tan\theta}{\sin\theta\cos\theta}$.

8. 化简下列各式.

(1) $\sin^4\alpha + \cos^2\alpha - \sin^2\alpha - \cos^4\alpha$;   (2) $\dfrac{1+\tan\theta}{1+\cot\theta}$;

(3) $\dfrac{\cos\theta}{1+\sin\theta} + \dfrac{1+\sin\theta}{\cos\theta}$;   (4) $\dfrac{\cos\theta + \cot\theta}{1 + \sin\theta}$.

9. 已知 $\tan\alpha = 2$,求下列各式的值.

(1) $\cos^2\alpha$;   (2) $\sin\alpha\cos\alpha$;

(3) $\sin^2\alpha - \cos^2\alpha$;   (4) $\dfrac{\sin\alpha + \cos\alpha}{\sin\alpha - \cos\alpha}$.

10. 已知 $\sin\alpha = \dfrac{1}{5}$,求下列各式的值.

(1) $5\sin^2\alpha + 3\cos^2\alpha$;   (2) $\sin^4\alpha + \cos^4\alpha$;

(3) $3\sin^2\alpha - 2\cos^2\alpha$;   (4) $\sin^2\alpha + 2\cos^2\alpha$.

3.3 三角函数的图像和性质

3.3.1 正弦、余弦函数的图像和性质

1. 正弦函数的图像和性质

我们利用单位圆中的正弦线,来作正弦函数的图像.

设角 α 的终边与单位圆交于点 $P(x,y)$,如图 3-12 所示,这时 $y=\sin\alpha$,从图中可以看出:

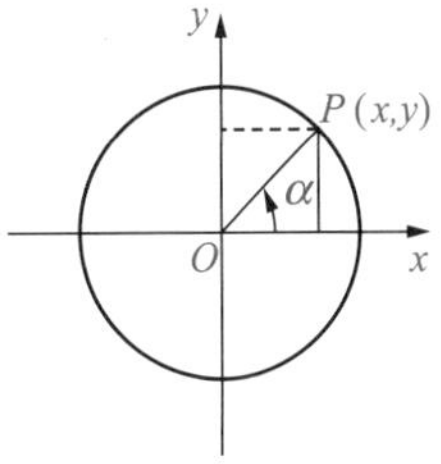

当 $\alpha\in\left[0,\dfrac{\pi}{2}\right]$ 时,$\sin\alpha$ 从 0 逐渐增大到 1;

当 $\alpha\in\left[\dfrac{\pi}{2},\pi\right]$ 时,$\sin\alpha$ 从 1 逐渐减小到 0.

图 3-12

所以 $f(x)=\sin x$ 在 $\left[0,\dfrac{\pi}{2}\right]$ 上是增函数,在 $\left[\dfrac{\pi}{2},\pi\right]$ 上是减函数.

列表如下:

x	0	$\dfrac{\pi}{6}$	$\dfrac{\pi}{3}$	$\dfrac{\pi}{2}$	$\dfrac{2\pi}{3}$	$\dfrac{5\pi}{6}$	π
$\sin x$	0	$\dfrac{1}{2}$	$\dfrac{\sqrt{3}}{2}$	1	$\dfrac{\sqrt{3}}{2}$	$\dfrac{1}{2}$	0

描点,然后用一条光滑曲线把各点连接起来,可得出 $f(x)=\sin x$ 在 $[0,\pi]$ 上的一段图像,利用对称性,可画出 $f(x)=\sin x$ 在 $[-\pi,0]$ 上的一段图像,如图 3-13 所示.

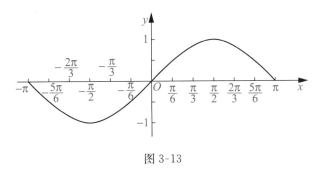

图 3-13

利用 $f(x)=\sin x$ 的周期为 2π,可以进一步画出 $f(x)=\sin x$ 的整个图像,称它为正弦曲线. 图 3-14 画出了 $f(x)=\sin x$ 在 $[-3\pi,3\pi]$ 上的一段图像.

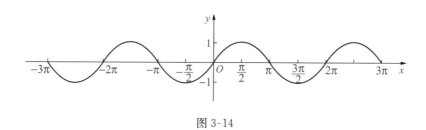

图 3-14

从图 3-14 可以看出当 $0 \leqslant x \leqslant 2\pi$ 时，函数没有重复的图像，当 $x > 2\pi$ 时，函数开始出现重复图像，因此我们把 2π 叫做正弦函数 $f(x) = \sin x$ 的最小正周期，称 $f(x) = \sin x$ 是周期函数.

综上所述，结合正弦函数的图像可得出 $f(x) = \sin x$ 的主要性质如下：

	$f(x) = \sin x$
定义域	**R**
值域	$[-1, 1]$
最小正周期	2π
奇偶性	奇函数，它的图像关于原点对称
单调性	在 $[-\frac{\pi}{2} + 2k\pi, \frac{\pi}{2} + 2k\pi]$ 上是增函数，$k \in \mathbf{Z}$； 在 $[\frac{\pi}{2} + 2k\pi, \frac{3\pi}{2} + 2k\pi]$ 上是减函数，$k \in \mathbf{Z}$.
最大值或最小值	在 $x = \frac{\pi}{2} + 2k\pi$ 处达到最大值 1，$k \in \mathbf{Z}$； 在 $x = -\frac{\pi}{2} + 2k\pi$ 处达到最小值 -1，$k \in \mathbf{Z}$.

如果只要求大致画出 $f(x) = \sin x$ 在 $[0, 2\pi]$ 上的一段，可以只描出 5 个特殊点：$(0, 0)$，$(\frac{\pi}{2}, 1)$，$(\pi, 0)$，$(\frac{3\pi}{2}, -1)$，$(2\pi, 0)$. 然后把它们用一条光滑曲线连接起来，习惯上称这种方法为五点法.

一般地，对于定义域为 A 的函数 $y = f(x)$，如果存在一个不为零的常数 T，使得当 x 取定义域内每一个值时，有

$$f(x + T) = f(x)$$

都成立，则就把函数 $y = f(x)$ 叫做周期函数. 这个不为零的常数 T，叫做这个函数的周期，容易看出，$2T, -2T, 3T, -3T, \cdots$ 也是 $f(x)$ 的周期.

如果在所有正周期中，存在一个最小的数，那么把它称为 $f(x)$ 的最小正周期.

【例 19】 比较下列各组正弦值的大小：

(1) $\sin(-\frac{\pi}{6})$ 与 $\sin(-\frac{\pi}{10})$；　　(2) $\sin \frac{5\pi}{8}$ 与 $\sin \frac{7\pi}{8}$.

【解】 (1) 因为　　　　　　　　$-\frac{\pi}{2} < -\frac{\pi}{6} < -\frac{\pi}{10} < 0$，

并且 $f(x)=\sin x$ 在 $\left[-\dfrac{\pi}{2},\dfrac{\pi}{2}\right]$ 上是增函数,所以

$$\sin\left(-\dfrac{\pi}{6}\right)<\sin\left(-\dfrac{\pi}{10}\right).$$

（2）因为

$$\dfrac{\pi}{2}<\dfrac{5\pi}{8}<\dfrac{7\pi}{8}<\pi,$$

并且 $f(x)=\sin x$ 在 $\left[\dfrac{\pi}{2},\pi\right]$ 上是减函数,所以

$$\sin\dfrac{5\pi}{8}>\sin\dfrac{7\pi}{8}.$$

【例 20】 求使函数 $y=2+\sin x$ 取最大值、最小值 的 x 值的集合,并求这个函数的最大值、最小值和周期.

【解】 使函数 $y=\sin x$ 分别取最大值和最小值的 x ,就是使函数 $y=2+\sin x$ 分别取最大值和最小值的 x ,所以函数 $y=2+\sin x$ 取最大值、最小值的 x 的集合分别是:

$$\left\{x\,\middle|\,x=\dfrac{\pi}{2}+2k\pi,k\in\mathbf{Z}\right\},\left\{x\,\middle|\,x=-\dfrac{\pi}{2}+2k\pi,k\in\mathbf{Z}\right\}.$$

$$y_{\max}=2+(\sin x)_{\max}=2+1=3,$$

且 $y_{\min}=2+(\sin x)_{\min}=2-1=1.$

函数 $y=2+\sin x$ 与 $y=\sin x$ 的周期相同,都是 2π.

课堂练习

1. 比较下列各组正弦值的大小.

  （1）$\sin\dfrac{4\pi}{7}$ 与 $\sin\dfrac{5\pi}{7}$； （2）$\sin\left(-\dfrac{3\pi}{5}\right)$ 与 $\sin\left(-\dfrac{4\pi}{5}\right)$；

  （3）$\sin\dfrac{\pi}{7}$ 与 $\sin\dfrac{\pi}{5}$； （4）$\sin\left(-\dfrac{2\pi}{5}\right)$ 与 $\sin\left(-\dfrac{2\pi}{7}\right)$.

2. 求下列函数的最大值、最小值和周期.

  （1）$y=5+\sin x$； （2）$y=5-\sin x$；

  （3）$y=-10+\sin x$； （4）$y=-10-\sin x$.

3. 求使 $y=7-\sin x$ 分别取最大值及最小值的 x 的集合.

4. 求下列函数在 x 取何值时达到最大值? 在 x 取何值时达到最小值?

  （1）$f(x)=\sin\left(\dfrac{1}{2}x+\dfrac{\pi}{3}\right)$； （2）$f(x)=\sin\left(2x-\dfrac{\pi}{3}\right)$；

  （3）$f(x)=4\sin\left(3x+\dfrac{\pi}{6}\right)$； （4）$f(x)=-5\sin\left(2x-\dfrac{\pi}{6}\right)$.

5. 说出下列函数的最小正周期.

  （1）$f(x)=3\sin x$； （2）$f(x)=2+\sin x$； （3）$f(x)=-5\sin x$.

6. 在区间 $[-\pi,\pi]$ 里,求使下列各式分别成立的 x 的值.

  （1）$\dfrac{1}{2}-\sin x=0$； （2）$\dfrac{1}{2}+\sin x=0$.

2. 余弦函数的图像和性质

我们知道 $f(x)=\cos x$ 的定义域是 $\mathbf{R}$,由诱导公式得 $\cos(x+2\pi)=\cos x,(x\in\mathbf{R})$,因此,$2\pi$ 是 $f(x)=\cos x$ 的一个周期.

同时,由诱导公式得 $\cos(-x)=\cos x,(x\in\mathbf{R})$,因此 $f(x)=\cos x$ 在 $(-\infty,+\infty)$ 上是偶函数,从而它的图像关于 y 轴对称.

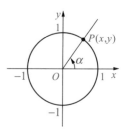

设角 α 的终边与单位圆交于点 $P(x,y)$,如图 3-15 所示,此时 $x=\cos\alpha$. 于是从图 3-15 看出:

当 $\alpha\in\left[0,\dfrac{\pi}{2}\right]$时,$\cos\alpha$ 从 1 逐渐减小到 0;

当 $\alpha\in\left[\dfrac{\pi}{2},\pi\right]$时,$\cos\alpha$ 从 0 逐渐减小到 -1.

图 3-15

因此 $f(x)=\cos x$ 在 $[0,\pi]$ 上是减函数.

列表如下:

x	0	$\dfrac{\pi}{6}$	$\dfrac{\pi}{3}$	$\dfrac{\pi}{2}$	$\dfrac{2\pi}{3}$	$\dfrac{5\pi}{6}$	π
$\cos x$	1	$\dfrac{\sqrt{3}}{2}$	$\dfrac{1}{2}$	0	$-\dfrac{1}{2}$	$-\dfrac{\sqrt{3}}{2}$	-1

描点然后用光滑曲线把各点连接起来,便得出 $f(x)=\cos x$ 在 $[0,\pi]$ 上的一段图像;利用对称性,可画出 $f(x)=\cos x$ 在 $[-\pi,0]$ 上的一段图像,如图 3-16 所示.

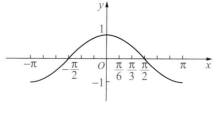

利用 $f(x)=\cos x$ 的周期 2π,可以进一步画出 $f(x)=\cos x$ 的整个图像,称它为余弦曲线. 图 3-17 画出了 $f(x)=\cos x$ 在 $[-3\pi,3\pi]$ 上的一段图像.

图 3-16

由图 3-17 可以看出,2π 是 $f(x)=\cos x$ 的最小正周期.

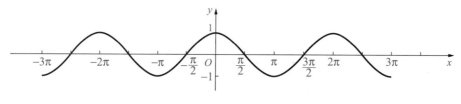

图 3-17

综上所述,可得出余弦函数 $f(x)=\cos x$ 的主要性质如下:

$f(x)=\cos x$	
定义域	$\mathbf{R}$
值域	$[-1,1]$
最小正周期	2π

续表

奇偶性	偶函数，它的图像关于 y 轴对称
单调性	在 $[2k\pi,(2k+1)\pi]$ 上是减函数，$k \in \mathbf{Z}$； 在 $[(2k-1)\pi,2k\pi]$ 上是增函数，$k \in \mathbf{Z}$
最大值或最小值	在 $x=2k\pi$ 处达到最大值 1，$k \in \mathbf{Z}$； 在 $x=(2k+1)\pi$ 处达到最小值 -1，$k \in \mathbf{Z}$

【例 21】 比较下列各组余弦值的大小.

(1) $\cos(-\dfrac{\pi}{8})$ 与 $\cos(-\dfrac{\pi}{10})$；　　(2) $\cos\dfrac{5\pi}{8}$ 与 $\cos\dfrac{7\pi}{8}$.

【解】 （1）因为

$$-\pi < -\frac{\pi}{8} < -\frac{\pi}{10} < 0,$$

并且 $f(x)=\cos x$ 在 $[-\pi,0]$ 上是增函数，所以

$$\cos(-\frac{\pi}{8}) < \cos(-\frac{\pi}{10}).$$

（2）因为

$$0 < \frac{5\pi}{8} < \frac{7\pi}{8} < \pi,$$

并且 $f(x)=\cos x$ 在 $[0,\pi]$ 上是减函数，所以

$$\cos\frac{5\pi}{8} > \cos\frac{7\pi}{8}.$$

【例 22】 求下列函数的最大值、最小值和周期 T.

(1) $y=7\cos x$；　　(2) $y=10\cos(2x+\dfrac{\pi}{4})$.

【解】 （1）$y_{\max}=7$，$y_{\min}=-7$，$T=2\pi$；

（2）$y_{\max}=10$，$y_{\min}=-10$，$T=\dfrac{2\pi}{2}=\pi$.

课堂练习

1. 比较下列各组余弦值的大小.

(1) $\cos\dfrac{\pi}{9}$ 与 $\cos\dfrac{\pi}{5}$；　　　　(2) $\cos\dfrac{4\pi}{9}$ 与 $\cos\dfrac{5\pi}{9}$；

(3) $\cos(-\dfrac{4\pi}{5})$ 与 $\cos(-\dfrac{3\pi}{5})$；　　(4) $\cos(-\dfrac{2\pi}{5})$ 与 $\cos(-\dfrac{2\pi}{9})$.

2. 求下列函数的最大值、最小值.

(1) $y=2\cos x$；　　　　　　(2) $y=\cos(2x+\dfrac{\pi}{3})$；

(3) $y=\sqrt{5}\cos(\dfrac{1}{2}x-\dfrac{\pi}{4})$；　　(4) $y=-7\cos 6x$.

3. 求下列函数在 x 取何值时达到最大值？在 x 取何值时达到最小值？

(1) $f(x)=\cos(\frac{1}{2}x+\frac{\pi}{3})$；　　　　(2) $f(x)=5\cos(3x+\frac{\pi}{2})$.

4. 叙述余弦函数 $y=\cos x$ 在区间 $[0,2\pi]$ 上的增减性.

5. 求下列函数的最小正周期.

(1) $f(x)=5\cos x$；　　　　(2) $f(x)=7+\cos x$.

6. 在区间 $[-\pi,\pi]$ 里,求使 $\frac{1}{2}-\cos x=0$ 成立的 x 的值.

3.3.2 正切函数的图像和性质

用描点法作图,可得正切函数 $y=\tan x$ 在开区间 $\left(-\frac{\pi}{2},\frac{\pi}{2}\right)$ 内的图像(见图 3-18).

继续描点作图,得出 $y=\tan x$, $x\in\left(k\pi-\frac{\pi}{2},k\pi+\frac{\pi}{2}\right)$, $(k\in\mathbf{Z})$ 的图像——正切曲线(见图 3-19),可以看出,正切曲线是由通过点 $\left(k\pi+\frac{\pi}{2},0\right)$, $(k\in\mathbf{Z})$ 且与 y 轴平行的直线隔开的无穷多支曲线所组成的.

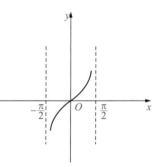

图 3-18

正切函数 $y=\tan x$ 有以下主要性质.

(1) 定义域. $\left\{x\,|\,x\neq k\pi+\frac{\pi}{2},k\in\mathbf{Z}\right\}$.

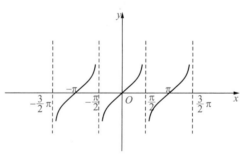

图 3-19

(2) 值域. 值域是实数集 **R**.

(3) 周期性. 周期是 π.

(4) 奇偶性. 由于 $\tan(-x)=-\tan x$,所以正切函数是奇函数,它的图像关于原点中心对称.

(5) 单调性. 正切函数在每一个开区间 $\left(k\pi-\frac{\pi}{2},k\pi+\frac{\pi}{2}\right)$, $(k\in\mathbf{Z})$ 内都是增函数.

【例 23】 求函数 $y=\tan\left(x+\frac{\pi}{4}\right)$ 的定义域.

【解】 令
$$z=x+\frac{\pi}{4},$$

则函数 $y=\tan z$ 的定义域是

$$\left\{z\mid z\in\mathbf{R},\text{且 } z\neq k\pi+\frac{\pi}{2},k\in\mathbf{Z}\right\}.$$

由
$$z=x+\frac{\pi}{4}\neq k\pi+\frac{\pi}{2},(k\in\mathbf{Z}),$$

得
$$x\neq k\pi+\frac{\pi}{4}.$$

所以函数 $y=\tan\left(x+\frac{\pi}{4}\right)$ 的定义域是

$$\left\{x\mid x\in\mathbf{R},\text{且 } x\neq k\pi+\frac{\pi}{4},k\in\mathbf{Z}\right\}.$$

课堂练习

1. 求下列函数的定义域.

（1） $y=\tan3x$；   （2） $y=-3\tan\left(x-\frac{\pi}{3}\right)$.

2. 求下列函数的周期.

（1） $y=2\tan x$；   （2） $y=\tan\left(x+\frac{\pi}{3}\right)$.

3. 不求值，判断下列各式的值是大于零，还是小于零.

（1） $\tan138°-\tan143°$；   （2） $\tan\left(-\frac{13\pi}{4}\right)-\tan\left(-\frac{17\pi}{5}\right)$.

4. 写出满足下列条件的 x 的集合.

（1） $\tan x>0$；   （2） $\tan x=0$；   （3） $\tan x<0$.

3.3.3 正弦型函数 $y=A\sin(wx+\varphi)$ 图像与性质

在工程的许多问题中，经常会遇到形如 $y=A\sin(wx+\varphi)$ 的函数（其中 A、w、φ 是常数），这种函数通常叫做正弦型函数. 下面通过例题来研究这类函数的性质和简图的做法.

【例 24】 做函数 $y=2\sin x$ 及 $y=\frac{1}{2}\sin x$ 的简图.

【解】 易知，$y=2\sin x$ 及 $y=\frac{1}{2}\sin x$ 的周期 $T=2\pi$. 做 $x\in[0,2\pi]$ 时的函数的简图.

如表 3-7 所示.

表 3-7

x	0	$\dfrac{\pi}{2}$	π	$\dfrac{3\pi}{2}$	2π
$\sin x$	0	1	0	-1	0
$2\sin x$	0	2	0	-2	0
$\dfrac{1}{2}\sin x$	0	$\dfrac{1}{2}$	0	$-\dfrac{1}{2}$	0

描点做图（见图 3-20）.

利用这类函数的周期性，可把图 3-20 中的简图向左、右边连续平移 $2\pi,4\pi,\cdots$，就可得出 $y=2\sin x,(x\in\mathbf{R})$，及 $y=\dfrac{1}{2}\sin x,(x\in\mathbf{R})$ 的简图（图略）

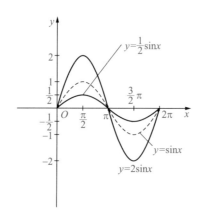

图 3-20

从图 3-20 可以看出，函数 $y=2\sin x,x\in\mathbf{R}$ 的值域是 $[-2,2]$，最大值是 2，最小值是 -2，函数 $y=\dfrac{1}{2}\sin x,(x\in\mathbf{R})$ 的值域是 $\left[-\dfrac{1}{2},\dfrac{1}{2}\right]$，最大值是 $\dfrac{1}{2}$，最小值是 $-\dfrac{1}{2}$.

一般地，函数 $y=A\sin x(A>0)$ 的值域是 $[-A,A]$，最大值是 A，最小值是 $-A$.

类似于用"五点法"做函数 $y=\sin x$ 的简图的方法，选出关键的五点，可以做出函数 $y=A\sin x$ 的简图.

【例 25】 做函数 $y=\sin 2x$ 和 $y=\sin\dfrac{1}{2}x$ 的简图.

【分析】 当 x 由 0 变到 π 时，$2x$ 由 0 变到 2π，函数 $y=\sin 2x$ 取到一个周期内的所有值，由此可见，函数 $y=\sin 2x$ 的周期是 π. 当 x 由 0 变到 4π 时，$\dfrac{x}{2}$ 由 0 变到 2π，因此，$y=\sin\dfrac{1}{2}x$ 的周期为 4π.

【解】 函数 $y=\sin 2x$ 的周期为 π，作 $x\in[0,\pi]$ 的图像.

我们以直观的方式表达. 当 $2x$ 取 $0,\dfrac{\pi}{2},\pi,\dfrac{3\pi}{2},2\pi$ 时，即 x 取 $0,\dfrac{\pi}{4},\dfrac{\pi}{2},\dfrac{3\pi}{4},\pi$ 时，所对应

的五点就是函数 $y=\sin 2x$，$x\in[0，\pi]$图像中起关键作用的五点.

如表 3-8 所示.

表 3-8

x	0	$\dfrac{\pi}{4}$	$\dfrac{\pi}{2}$	$\dfrac{3\pi}{4}$	π
$2x$	0	$\dfrac{\pi}{2}$	π	$\dfrac{3\pi}{2}$	2π
$\sin 2x$	0	1	0	-1	0

描点做图（见图 3-21）.

函数 $y=\sin\dfrac{1}{2}x$ 的周期为 4π，做 $x\in[0，4\pi]$时的图像.

当 $\dfrac{1}{2}x$ 取 $0，\dfrac{\pi}{2}，\pi，\dfrac{3\pi}{2}，2\pi$ 时，即 x 取 0，π，2π，3π，4π 时，所对应的五点就是函数 $y=\sin\dfrac{1}{2}x$，$x\in[0，4\pi]$图像上起关键作用的五点.

如表 3-9 所示.

表 3-9

x	0	π	2π	3π	4π
$\dfrac{1}{2}x$	0	$\dfrac{\pi}{2}$	π	$\dfrac{3\pi}{2}$	2π
$\sin\dfrac{1}{2}x$	0	1	0	-1	0

描点做图（见图 3-21）.

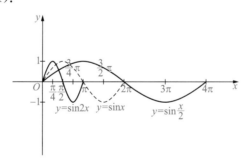

图 3-21

利用正弦型函数的周期性，把图 3-21 中的简图分别向左、右连续地平移相应的周期，就可得出 $y=\sin 2x$ 及 $y=\sin\dfrac{1}{2}x$，$(x\in\mathbf{R})$的简图（图略）.

从例 25 可以看出，函数 $y=\sin wx(w>0)$的周期是 $\dfrac{2\pi}{w}$，事实上

$$y=A\sin w\left(x+\dfrac{2\pi}{w}\right)=A\sin(wx+2\pi)=A\sin wx.$$

由周期函数的定义，这就证明了函数 $y=\sin wx(w>0)$ 的周期是 $\dfrac{2\pi}{w}$.

【例26】 试说明函数 $y=\sin x$ 与函数 $y=\sin\left(x+\dfrac{\pi}{3}\right)$，$y=\sin\left(x-\dfrac{\pi}{4}\right)$ 图像之间的关系.

【解】 用描点法做函数的简图（见图3-22）.

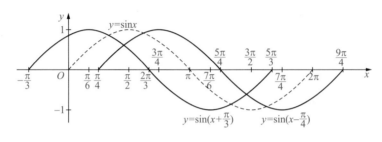

图 3-22

可知把函数 $y=\sin x$ 的图像向左平移 $\dfrac{\pi}{3}$ 个单位，就可得到函数 $y=\sin\left(x+\dfrac{\pi}{3}\right)$ 的图像；把函数 $y=\sin x$ 的图像向右平移 $\dfrac{\pi}{4}$ 个单位，就可得到函数 $y=\sin\left(x-\dfrac{\pi}{4}\right)$ 的图像（见图 3-22）.

【例27】 试说明函数 $y=\sin x$ 与函数 $y=\sin\left(2x+\dfrac{\pi}{3}\right)$ 之间的关系.

【解】 因为函数 $y=\sin 2x$ 的周期是 π，所以把函数 $y=\sin x$ 一个周期的图像向原点压缩一半就可得到函数 $y=\sin 2x$ 一个周期的图像（图 3-23 中虚线）；因为 $y=\sin\left(2x+\dfrac{\pi}{3}\right)=\sin\left[2\left(x+\dfrac{\pi}{6}\right)\right]$，所以把函数 $y=\sin 2x$ 的图像向左平移 $\dfrac{\pi}{6}$ 个单位，就可得到函数 $y=\sin\left(2x+\dfrac{\pi}{3}\right)$ 的图像（见图3-23）.

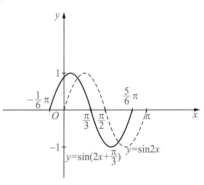

图 3-23

【例28】 做函数 $y=3\sin\left(2x+\dfrac{\pi}{3}\right)$ 的简图.

【解】 函数 $y=3\sin\left(2x+\dfrac{\pi}{3}\right)$ 的周期是 π，先画出它在长度为一个周期的闭区间上的简图.

令 $X=2x+\dfrac{\pi}{3}$，那么 $3\sin X=3\sin\left(2x+\dfrac{\pi}{3}\right)$，且 $x=\dfrac{X-\dfrac{\pi}{3}}{2}=\dfrac{X}{2}-\dfrac{\pi}{6}$，当 $X=0$，$\dfrac{\pi}{2}$，π，$\dfrac{3\pi}{2}$，2π 时，x 相应取 $-\dfrac{\pi}{6}$，$\dfrac{\pi}{12}$，$\dfrac{\pi}{3}$，$\dfrac{7\pi}{12}$，$\dfrac{5\pi}{6}$ 等值，所对应的五点是函数 $y=3\sin\left(2x+\dfrac{\pi}{3}\right)$，$x\in\left[-\dfrac{\pi}{6}，\dfrac{5\pi}{6}\right]$ 的图像上起关键作用的五点.

如表 3-10 所示.

表 3-10

x	$-\dfrac{\pi}{6}$	$\dfrac{\pi}{12}$	$\dfrac{\pi}{3}$	$\dfrac{7\pi}{12}$	$\dfrac{5\pi}{6}$
$2x+\dfrac{\pi}{3}$	0	$\dfrac{\pi}{2}$	π	$\dfrac{3\pi}{2}$	2π
$3\sin\left(2x+\dfrac{\pi}{3}\right)$	0	3	0	-3	0

描点做图（见图 3-24）.

利用正弦函数的周期性，可以把它在 $\left[-\dfrac{\pi}{6}, \dfrac{5\pi}{6}\right]$ 上的简图向左、右分别扩展，从而得到它的简图（这里从略）.

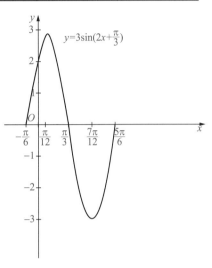

图 3-24

函数 $y=3\sin\left(2x+\dfrac{\pi}{3}\right)$，$x\in\mathbf{R}$ 的图像，也可以用下面的方法得到. 首先把正弦曲线上所有的点向左平行移 $\dfrac{\pi}{3}$ 个单位长度，得到函数 $y=\sin\left(x+\dfrac{\pi}{3}\right)$，$x\in\mathbf{R}$ 的图像，然后将后者所有点的横坐标缩短到原来的 $\dfrac{1}{2}$ 倍（纵坐标不变），得到 $y=\sin\left(2x+\dfrac{\pi}{3}\right)$，$x\in\mathbf{R}$ 的图像；再把所得图像上所有点的纵坐标伸长到原来的 3 倍（横坐标不变），从而得到函数 $y=3\sin\left(2x+\dfrac{\pi}{3}\right)$，$x\in\mathbf{R}$ 的图像（图略）.

由以上各例，可得到函数 $y=A\sin(wx+\varphi)$（$A>0$，$w>0$）的一些主要性质.

（1）定义域：实数集 $\mathbf{R}$；

（2）值域：$[-A, A]$ 最大值 A，最小值 $-A$；

（3）周期：$T=\dfrac{2\pi}{w}$.

课堂练习

1. 求下列函数的最大值、最小值和周期.

（1）$y=\dfrac{3}{4}\sin x$；　　　　　（2）$y=8\sin 2x$；

（3）$y=3\sin\left(2x-\dfrac{\pi}{4}\right)$；　　（4）$y=8\sin\left(\dfrac{5}{4}x+\dfrac{\pi}{5}\right)$.

2. 做出下列函数在长度为一个周期的闭区间的简图，并说明是由 $y=\sin x$ 如何变化得到.

（1）$y=\dfrac{3}{2}\sin x$；　　　　　（2）$y=\sin 4x$；

(3) $y = \sin\left(x + \dfrac{\pi}{4}\right)$;　　　(4) $y = 4\sin\left(x - \dfrac{\pi}{3}\right)$.

习题 3.3

1. 做出下列函数在 $[0,2\pi]$ 上的简图.

(1) $y = 1 - \sin x$;　　　　　　　　(2) $y = 3\cos x$;

(3) $y = \dfrac{1}{2}\sin x - 1$;　　　　　　(4) $y = 2\cos x + 1$.

2. 求下列函数的最大值、最小值,并求使函数取得这些值 x 的集合.

(1) $y = -5\sin x$;　　　　　　　　(2) $y = 1 - \dfrac{1}{2}\cos x$;

(3) $y = \dfrac{1}{2}\sin x + 2$;　　　　　　(4) $y = 3\cos x - 1$.

3. 求下列函数的周期.

(1) $y = \sin\dfrac{3}{4}x$;　　　　　　　(2) $y = \cos 4x$;

(3) $y = \dfrac{1}{2}\sin 5x$;　　　　　　(4) $y = 3\sin\left(\dfrac{1}{2}x + \dfrac{\pi}{6}\right)$.

4. 在下列函数中,哪些是奇函数?哪些是偶函数?哪些既不是奇函数也不是偶函数?为什么?

(1) $y = -\sin x$;　　　　　　　　(2) $y = |\sin x|$;

(3) $y = 3\cos x + 1$;　　　　　　(4) $y = \sin x - 1$.

5. 不求值,比较下列各对函数值的大小.

(1) $\sin 103°15'$ 与 $\sin 164°30'$;

(2) $\cos\left(-\dfrac{47\pi}{10}\right)$ 与 $\cos\left(-\dfrac{44\pi}{9}\right)$;

(3) $\sin 580°$ 与 $\sin 144°$;

(4) $\cos 760°$ 与 $\cos(-770°)$.

6. 求下列函数的定义域.

(1) $y = \dfrac{1}{1 + \sin x}$;　　　　　　(2) $y = \dfrac{1}{1 - \cos x}$;

(3) $y = \sqrt{\sin x}$;　　　　　　　(4) $y = \sqrt{\cos x}$.

7. 求下列函数的定义域.

(1) $y = \tan\left(x + \dfrac{\pi}{3}\right)$;　　　　(2) $y = -\tan\left(x + \dfrac{\pi}{6}\right) + 2$.

8. 做出下列函数在一个周期内的图像.

(1) $y = \sin\left(x - \dfrac{\pi}{2}\right)$;　　　　　(2) $y = \sin\left(x - \dfrac{\pi}{3}\right)$;

（3）$y=\cos\left(x-\dfrac{\pi}{3}\right)$；　　　　　　　　（4）$y=-\cos\left(x+\dfrac{\pi}{4}\right)$.

9. 在长度为一个周期的闭区间上，做出下列函数的简图.

（1）$y=4\sin 2x$；　　　　　　　　　　（2）$y=\dfrac{1}{2}\cos 3x$；

（3）$y=3\sin\left(2x-\dfrac{\pi}{6}\right)$；　　　　　　　（4）$y=2\cos\left(\dfrac{1}{2}x+\dfrac{\pi}{4}\right)$.

10. 试说明函数 $y=3\sin\left(2x-\dfrac{\pi}{6}\right)$ 的图像与函数 $y=\sin x$ 的图像之间的关系.

本章小结与复习

一、内容提要

1. 本章的主要内容为任意角的概念的推广、弧度制、任意角的三角函数的概念，同角三角函数间的关系，以及三角函数的图像及性质，内容结构如下图所示.

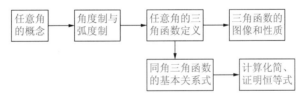

2. 根据生产实际和进一步学习数学的需要，我们引入了任意角的概念，并学习了角的另一种单位制——弧度制. 在采用了弧度制后，弧长公式十分简单，成为 $l=|\alpha|r$ 这样的形式（其中 l 为弧长，r 为半径，α 为圆心角的弧度数）.

3. 在角的概念推广后，我们定义了任意角的正弦、余弦、正切、余切、正割、余割这 6 种三角函数，它们都是以角为自变量，以比值为函数值的函数，在这 6 个三角函数中，正弦、余弦、正切尤为重要，我们还得到了一个角 α 的这 3 个三角函数的关系：

$$\sin^2\alpha+\cos^2\alpha=1;$$

$$\dfrac{\sin\alpha}{\cos\alpha}=\tan\alpha;$$

$$\cot\alpha\tan\alpha=1.$$

它们是进行三角恒等变换的重要基础，在求值、化简三角函数式和证明三角恒等式问题中要经常用到，必须熟记，并能正确运用.

4. 在任意角三角函数的定义下，我们进一步学习了正弦、余弦、正切函数的性质和图像；这三种三角函数的图像及性质列表归纳如下.

函数	$y=\sin x$	$y=\cos x$	$y=\tan x$
图像	(图像)	(图像)	(图像)
定义域	**R**	**R**	$\left\{x\,\middle|\,x\neq\dfrac{\pi}{2}+k\pi,k\in\mathbf{Z}\right\}$
值域	$[-1,1]$ 最大值为1,最小值为-1	$[-1,1]$ 最大值为1,最小值为-1	**R** 此函数没有最大值也没有最小值
周期性	最小正周期2π	最小正周期2π	最小正周期π
奇偶性	奇函数	偶函数	奇函数
单调性	在$\left[-\dfrac{\pi}{2}+2k\pi,\dfrac{\pi}{2}+2k\pi\right]$上是增函数; $\left[\dfrac{\pi}{2}+2k\pi,\dfrac{3\pi}{2}+2k\pi\right]$上是减函数$(k\in\mathbf{Z})$	在$[(2k-1)\pi,2k\pi]$上是增函数; 在$[2k\pi,(2k+1)\pi]$上是减函数$(k\in\mathbf{Z})$	在$\left(-\dfrac{\pi}{2}+k\pi,\dfrac{\pi}{2}+k\pi\right)$上是增函数$(k\in\mathbf{Z})$

二、学习要求和需要注意的问题

1. 学习要求

(1) 理解任意角的概念,弧度制的意义

(2) 掌握任意角三角函数的正弦、余弦、正切的定义,了解余切、正割、余割,掌握同角三角函数的基本关系式 $\sin^2\alpha+\cos^2\alpha=1$, $\dfrac{\sin\alpha}{\cos\alpha}=\tan\alpha$, $\tan\alpha\cot\alpha=1$

(3) 通过三角函数的图像理解正弦、余弦,正切函数的性质;会用"五点法"画正弦函数、余弦函数,以及函数 $y=A\sin(wx+\varphi)(A>0,w>0)$ 的简图.

2. 需要注意的问题

(1) 正弦函数、余弦函数的周期都是 2π,正切函数的周期为 π. 本章中形如 $y=A\sin(wx+\varphi)(A>0,w>0)$ 的函数图像,可以通过正弦函数的图像的伸缩、平移而得到.

(2) 本章中,我们大量运用化归思想,同学们应从中体会.

三、参考例题

【例 29】 已知 $\sin x = 2\cos x$，求角 x 的正弦、余弦、正切的三角函数值

【解】 $\sin x = 2\cos x \Rightarrow \tan x = 2 > 0.$

所以 x 的终边可以在第 I 或 III 象限.

(1) 当 x 的终边在第 I 象限时，$\tan x = \dfrac{\sin x}{\cos x} = 2 = \dfrac{\sin x}{\sqrt{1-\sin^2 x}} \Rightarrow \sin^2 x = 4 - 4\sin^2 x \Rightarrow \sin^2 x = \dfrac{4}{5},$

所以 $\sin x = \dfrac{2\sqrt{5}}{5},\quad \cos x = \dfrac{\sin x}{\tan x} = \dfrac{\frac{2\sqrt{5}}{5}}{2} = \dfrac{\sqrt{5}}{5}.$

(2) 当 x 的终边在第 III 象限时，$\tan x = \dfrac{\sin x}{\cos x} = 2 = \dfrac{\sin x}{\sqrt{1-\sin^2 x}},$

因此 $\sin^2 x = \dfrac{4}{5},\qquad$ 所以 $\sin x = -\dfrac{2\sqrt{5}}{5},\qquad \cos x = -\dfrac{\sqrt{5}}{5}.$

【例 30】 求下列函数的最大值、最小值，并且求使函数取得最大、最小值时的 x 的集合

(1) $y = 3 - 2\cos x\,(x \in \mathbf{R})$；　　(2) $y = \dfrac{\sin x}{\pi} + \sqrt{2}\quad (x \in \mathbf{R}).$

【解】 (1) 要使 $y = -2\cos x$，$x \in \mathbf{R}$ 取得最大值、最小值时的 x 的集合和 $y = \cos x$ 取得最小值、最大值的 x 的集合相同，即 $\{x \mid x = \pi + 2k\pi,\ k \in \mathbf{Z}\}$，$\{x \mid x = 2k\pi,\ k \in \mathbf{Z}\}$

所以 $y_{\max} = 3 + 2 = 5,$

$y_{\min} = 3 - 2 = 1.$

(2) 要使 $y = \sqrt{2} + \dfrac{\sin x}{\pi}$ 取得最大值、最小值时的 x 的集合和 $y = \sin x$ 取得最大值、最小值的 x 的集合相同，即：

$\{x \mid x = \dfrac{\pi}{2} + 2k\pi,\ k \in \mathbf{Z}\}$，$\{x \mid x = -\dfrac{\pi}{2} + 2k\pi,\ k \in \mathbf{Z}\}$，

所以 $y_{\max} = \sqrt{2} + \dfrac{1}{\pi},$

$y_{\min} = \sqrt{2} - \dfrac{1}{\pi}.$

复习题三

一、选择题

1. 在 $0 \sim 360°$ 内，与角 $-1770°$ 的终边相同的角是　　　　　　　　　(　　).

　　A. $210°$　　　　　　B. $150°$　　　　　　C. $60°$　　　　　　D. $30°$

2. 将 $\dfrac{7\pi}{12}$ 弧度化为度，正确的是　　　　　　　　　　　　　　　(　　).

A. 84°   B. 75°   C. 126°   D. 105°

3. 角 α 的终边经过点 $P(-3,4)$，则 $\cos\alpha=$ (   ).

A. $\dfrac{3}{5}$ B. $-\dfrac{3}{5}$ C. $\dfrac{4}{5}$ D. $-\dfrac{4}{5}$

4. 若 $\sin\alpha<0$，$\tan\alpha>0$，则 α 所在的象限是   (   ).

A. 第Ⅳ象限   B. 第Ⅲ象限

C. 第Ⅱ象限   D. 第Ⅰ象限

5. 若 α 为第Ⅱ象限角，有 $\sin\alpha=\dfrac{5}{13}$，则 $\cos\alpha=$ (   ).

A. $\dfrac{8}{13}$ B. $-\dfrac{8}{13}$ C. $-\dfrac{12}{13}$ D. $\dfrac{12}{13}$

6. 若 $\dfrac{\pi}{2}<\alpha<\pi$，则   (   ).

A. $\cos\alpha>0$ B. $\sin\alpha>0$ C. $\cot\alpha>0$ D. $\tan\alpha>0$

7. $\cos(-1140°)=$ (   ).

A. $\dfrac{\sqrt{3}}{2}$ B. $-\dfrac{\sqrt{3}}{2}$ C. $\dfrac{1}{2}$ D. $-\dfrac{1}{2}$

8. 将 $\sin246°$ 化为锐角三角函数，应是   (   ).

A. $\cos66°$ B. $\sin66°$

C. $-\cos66°$ D. $-\sin66°$

二、填空题

1. $360°=$ _____ rad；

2. $210°$ 的正弦值等于 _____；

3. $135°$ 的余弦值等于 _____；

4. 已知 $\sin\alpha=\dfrac{12}{13}$，且 α 是第Ⅱ象限角，则 $\cos\alpha=$ _____；

5. 函数 $y=4\sin x$ 的最大值是 _____；

6. 函数 $y=\sin\left(3x-\dfrac{\pi}{6}\right)$ 的周期是 _____.

三、解答题

1. 写出与下列各角终边相同角的集合.

（1）$\dfrac{\pi}{5}$；   （2）$-\dfrac{3\pi}{4}$；   （3）$\dfrac{\pi}{2}$.

2. 确定下列三角函数的符号.

（1）$\sin580°$；   （2）$\cos\dfrac{7\pi}{4}$；   （3）$\tan\dfrac{25\pi}{6}$.

3. 已知 $\sin x=\dfrac{2}{3}$，且 x 是第Ⅱ象限角，求 $\cos x$，$\tan x$.

4. 已知 $\cos x=2\sin x$，且 $0<x<\dfrac{\pi}{2}$，求 $\sin x$，$\cos x$，$\tan x$.

5. 已知 $\tan x = \dfrac{4}{5}$，且 x 是第Ⅲ象限角，求 $\cos x$.

6. 画出下列函数在长度为一个周期的闭区间上的简图.

(1) $y = \sin\left(x - \dfrac{\pi}{3}\right)$;   (2) $y = 2\sin\left(2x - \dfrac{\pi}{3}\right)$.

7. 求函数 $y = \dfrac{1}{2}\sin\left(3x - \dfrac{\pi}{3}\right)$ 的最大值、最小值.

阅读材料

三角函数与欧拉

    三角学是以三角形的边角关系为基础,研究几何图形中的数量关系及其在测量方面的应用的数学分支. "三角学"一词的英文"trigonometry"就是由两个希腊词"三角形"和"测量"合成的. 现在,三角学主要研究三角函数的性质及其应用.

    1463 年,法国学者缪勒在《论三角》中系统总结了前人对三角的研究成果. 17 世纪前叶,三角由瑞士人邓玉函(Jean Terrenz,1576－1630)传入中国. 在邓玉函的著作《大测》二卷中,主要论述了三角函数的性质及三角函数表的制作和用法. 当时,三角函数是用下面图中的 8 条线段的长来定义的,这已与我们刚学过的三角函数线十分类似.

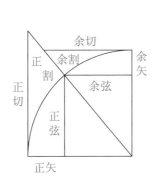

欧 拉

    著名数学家、物理学家和天文学家欧拉(Léonhard Euler)1707 年出生于瑞士的巴塞尔,1720 年进入巴塞尔大学学习,后获硕士学位.

    1748 年,欧拉出版了一部划时代的著作《无穷小分析引论》,其中提出三角函数是对应的三角函数线与圆的半径的比值,并令圆的半径为 1,这使得对三角函数的研究大为简化. 他还在此书的第八章中提出了弧度制的思想. 他认为,如果把半径作为 1 个单位长度,那么半圆的长就是 π,所对圆心角的正弦是 0,即 $\sin\pi = 0$. 同理,圆的 $\dfrac{1}{4}$ 的长是 $\dfrac{\pi}{2}$,所对圆心角的正弦是

1,可记作 $\sin\dfrac{\pi}{2}=1$. 这一思想将线段与弧的度量单位统一起来,大大简化了三角公式及其计算.

18 世纪中叶,欧拉给出了三角函数的现代理论,他还成功地把三角函数的概念由实数范围推广到复数范围.

值得指出,1735 年,欧拉右眼失明,《无穷小分析引论》这部著作出版于他不幸失明之后. 他的著作,在样式、范围和记号方面堪称典范,因此被许多大学作为教科书采用.1766 年,他回到俄国不久,病情再度恶化双眼全部失明.他以惊人的毅力,在圣彼得堡又以口述他人记录的方式工作了近 17 年,直到 1783 年去世.1909 年,瑞士自然科学学会开始出版欧拉全集,使他卷帙浩繁的著作得以流芳百世,至今已出版七十余卷.

请查阅关于欧拉的各种介绍,以进一步了解他对数学的发展所作出的重要贡献.

潮汐与港口水深

我国东汉时期的学者王充说过:"涛之兴也,随月盛衰".唐代学者张若虚(约 660 年至约 720 年)在他的《春江花月夜》中,更有

"春江潮水连海平,
海上明月共潮生"

这样的优美诗句.古人把海水白天的上涨叫做"潮",晚上的上涨叫做"汐". 实际上,潮汐与月球、地球都有关系.在月球引力的作用下,就地球的海面上的每一点而言,海水会随着地球本身的自转,大约在一天里经历两次上涨、两次降落.

由于潮汐与港口的水深有密切关系,任何一个港口的工作人员对此都十分重视,以便合理地加以利用.例如,某港口工作人员在某年农历八月初一从 0 时至 24 时记录的时间 t(h)与水深 d(m)的关系如下:

t	0	3	6	9	12	15	18	21	24
d	5	7.5	5	2.5	5	7.5	5	2.5	5

(1) 把上表中的九组对应值用直角坐标系中的九个点表示出来(如下图中实心圆点所示),观察它们的位置关系,不难发现,我们可以选用正弦型函数 $d=5+2.5\sin\dfrac{\pi}{6}t(t\in[0,24])$ 来近似地描述这个港口的水深 d 与时间 t 的关系,并画出简图.

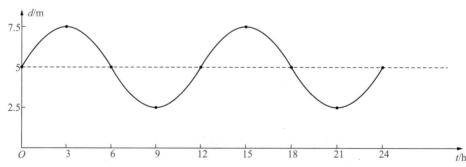

由此图或利用科学计算器,可以得到 t 取其他整数时 d 的近似值,从而把上表细化.

（2）利用这个函数及其简图,例如这一年农历八月初二或九月初一,假设有一条货船的吃水深度(即船底与水面的距离)为 4 m,安全条例规定至少要有 1.5 m 的安全间隙(即船底与水底的距离),那么根据 $5.5 \leqslant d \leqslant 7.5$,就可以近似得到此船何时能进入港口和在港口能逗留多久.如果此船从凌晨 2 时开始卸货,吃水深度由于船减少了载重而按 0.3 m/h 的速度递减,还可以近似得到卸货必须在什么时间前停止才能将船驶向较深的某目标水域.

不同的日子,潮汐的时刻和大小是不同的.农历初一和十五涨的是大潮,而八月十五中秋节潮水最大.以上的估算必须结合其他数据一起考虑,才能加以科学利用.

第4章

数 列

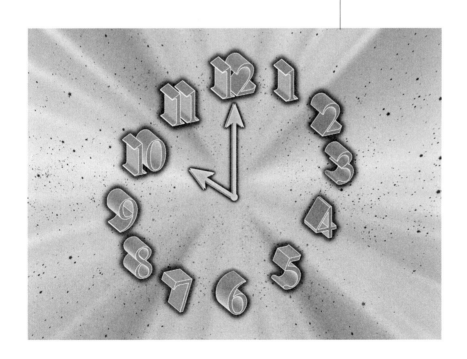

假如你是经销商，一位供货商提出要与你签订一份交易合同，合同的期限为 30 天，他每天给你提供价值 10 万元的商品，而你第一天只需付给他 1 分钱的贷款，第二天付给他 2 分钱的贷款，第三天付给他 4 分钱的贷款，依此类推，以后每天所付的贷款都是前一天所付贷款的 2 倍. 你是否同意签这份合同呢？

你也许会觉得这是天大的好事，认为这份合同将会给你带来非常大的收益，迫不及待地就要签字，且慢！一旦签了字，一个月之内你就会倾家荡产！你是否有点不相信呢？学了这章知识后，你就会明白这是一个多么险恶的交易合同.

本章我们将学习数列的概念、等差数列与等比数列的概念及其有关的计算，并利用它们来解决实际生活中的一些简单问题.

4.1 数列的概念

4.1.1 数列的定义

我们先来看下面的一些例子.

将正整数从小到大排成一列数
$$1, 2, 3, 4, 5, \cdots. \tag{1}$$

将这列数中的各个数的倒数也排成一列数
$$1, \frac{1}{2}, \frac{1}{3}, \frac{1}{4}, \frac{1}{5}, \cdots. \tag{2}$$

工作台上摆着 5 个加工好的螺母，将它们的螺纹直径由小到大排成一列数（单位：mm）
$$20, 22, 24, 26, 28. \tag{3}$$

某校有 8 个微机室，将从"微机室（1）"到"微机室（8）"，所摆放的微机数排成一列数
$$50, 50, 50, 50, 50, 50, 50, 50. \tag{4}$$

在第 1 届至第 6 届的 6 届运动会上，某学校获得的金牌数量排成一列数
$$15, 5, 16, 16, 28, 32. \tag{5}$$

如上面的例子那样，按照一定次序排成的一列数叫做数列. 数列中的每一个数都叫做这个数列的项，从开始的那项起，各项依次叫做这个数列的第 1 项（或首项），第 2 项，第 3 项，…，第 n 项，…. 第 n 项中的"n"叫做该项的序号.

只有有限多项的数列叫做有穷数列，有无穷多项的数列叫做无穷数列.

所以，（1）、（2）为无穷数列，（3）、（4）、（5）为有穷数列. 有穷数列的一般形式可以写成
$$a_1, a_2, a_3, \cdots, a_n (n \in \mathbf{N}^*).$$

无穷数列的一般形式可以写成

$$a_1, a_2, a_3, \cdots, a_n, \cdots (n \in \mathbf{N}^*),$$

其中 a_n 是数列的第 n 项, 也叫做数列的通项. 上面的数列可以简记为数列 $\{a_n\}$.

如果一个数列的第 n 项 a_n 能用其序号 n 的表达式来表示, 那么这个表达式叫做这个数列的通项公式. 例如, 上面数列(2)的通项公式是

$$a_n = \frac{1}{n}.$$

如果知道了数列的通项公式, 就可以求出这个数列中的任何一项. 例如上面数列(2)的第 100 项为

$$a_{100} = \frac{1}{100}.$$

【例1】 根据下面给出的数列的通项公式, 分别求出数列的前 5 项.

(1) $a_n = \frac{1}{2^n}$；   (2) $b_n = (-1)^n \frac{1}{2^n}$.

【解】 (1) $a_1 = \frac{1}{2^1} = \frac{1}{2}$, $a_2 = \frac{1}{2^2} = \frac{1}{4}$, $a_3 = \frac{1}{2^3} = \frac{1}{8}$, $a_4 = \frac{1}{2^4} = \frac{1}{16}$, $a_5 = \frac{1}{2^5} = \frac{1}{32}$.

(2) 由于 -1 的奇数次幂等于 -1, 而 -1 的偶数次幂等于 1, 再利用(1)题结论可得 $b_1 = -\frac{1}{2}$, $b_2 = +\frac{1}{4}$, $b_3 = -\frac{1}{8}$, $b_4 = +\frac{1}{16}$, $b_5 = -\frac{1}{32}$.

【注意】 (2)中的 $(-1)^n$ 有符号调节的作用.

【例2】 在下面各题中, 分别写出一个无穷数列的通项公式, 使得无穷数列的前 4 项恰好是题中给出的 4 个数.

(1) $3, 6, 9, 12$；(2) $\frac{1}{2}, \frac{3}{4}, \frac{5}{6}, \frac{7}{8}$.

【解】 (1) 题中给出的 4 个数 $3, 6, 9, 12$ 作为数列的前 4 项, 其中每个数正好是项的序号的 3 倍, 因此, 通项公式为

$$a_n = 3n,$$

即无穷数列 $\{3n\}$ 的前 4 项恰好就是 $3, 6, 9, 12$.

(2) 题中给出的 4 个分数 $\frac{1}{2}, \frac{3}{4}, \frac{5}{6}, \frac{7}{8}$ 作为数列的前 4 项, 其中每个分数的分母是该项序号的 2 倍, 分子是该项序号的 2 倍减 1, 因此, 通项公式为

$$b_n = \frac{2n-1}{2n},$$

即无穷数列 $\left\{\frac{2n-1}{2n}\right\}$ 的前 4 项恰好就是 $\frac{1}{2}, \frac{3}{4}, \frac{5}{6}, \frac{7}{8}$.

【注意】 有些数列没有通项公式, 如前面提到的某学校金牌数, 数列(5).

课堂练习

1. 已知数列 $\{a_n\}$ 的通项公式为 $a_n = 3^n - 2$, 试求这个数列的第 4 项.

2. 写出一个数列的通项公式, 使得这个数列的前 5 项为 $-1, 3, -5, 7, -9$.

4.1.2 数列的前 n 项和

有的时候，我们需要求出一个数列中若干项的和，例如，如果想知道在第 1 届至第 6 届的 6 届运动会上，该学校一共获得了多少块金牌，那就需要求出 4.1.1 节中数列(5)的前 6 项的和.

一般地，对于数列 $\{a_n\}$，我们把 $a_1+a_2+\cdots+a_n$ 叫做数列 $\{a_n\}$ 的前 n 项和，记作 S_n，即
$$S_n=a_1+a_2+\cdots+a_n.$$

有时为了书写简便，常把 $a_1+a_2+\cdots+a_n$ 简记为 $\sum\limits_{i=1}^{n}a_i$，即 $S_n=\sum\limits_{i=1}^{n}a_i$. 我们把 $\sum\limits_{i=1}^{n}a_i$ 叫做和式，其中符号"$\sum$"叫做连加号，a_i 表示加数的一般项，如果数列有通项公式，一般项 a_i 可以写成通项公式的形式，i 叫做求和指标，连加号的上下标表示求和指标 i 的取值依自然数的顺序由 1 到 n.

【例 3】 已知数列 $\{a_n\}$ 的通项公式为
$$a_n=n(n+1),$$
试求这个数列的前 4 项的和.

【解】 $S_4=\sum\limits_{i=1}^{4}a_i=\sum\limits_{i=1}^{4}i(i+1)$
$=1\times(1+1)+2\times(2+1)+3\times(3+1)+4\times(4+1)=40.$

由于和式 $\sum\limits_{i=1}^{n}a_i$ 表示的是连续的加法运算，因此，由加法的运算性质可以得到和式的运算性质.

(1) $\sum\limits_{i=1}^{n}(a_i+b_i)=\sum\limits_{i=1}^{n}a_i+\sum\limits_{i=1}^{n}b_i$；

(2) $\sum\limits_{i=1}^{n}ka_i=k\sum\limits_{i=1}^{n}a_i$（$k$ 为常数）；

(3) $\sum\limits_{i=1}^{n}C=nC$（$C$ 为常数）.

如果数列 $\{a_n\}$ 的前 n 项和 S_n 能用 n 的一个表达式来表示，那么这个表达式叫做这个数列的前 n 项和公式. 如果知道了一个数列的前 n 项和公式，就可以求出这个数列的前任意项的和.

【例 4】 已知数列 $\{a_n\}$ 的前 n 项和公式为
$$S_n=n^2+1,$$
试求该数列前 100 项的和.

【解】 该数列前 100 项的和为 $S_{100}=100^2+1=10\,001$.

【例 5】 已知数列 $\{a_n\}$ 的前 n 项和公式为
$$S_n=2n^2-n,$$
求此数列的通项公式.

【解】 由前 n 项和的定义,显然可知,当 $n \geqslant 2$ 时,有

$$a_n = S_n - S_{n-1} = 2n^2 - n - [2(n-1)^2 - (n-1)]$$
$$= 2n^2 - n - (2n^2 - 4n + 2 - n + 1) = 4n - 3.$$

当 $n = 1$ 时,$a_1 = S_1 = 2 \times 1^2 - 1 = 1 = 4 \times 1 - 3$,故对任意的正整数 n 都有

$$a_n = 4n - 3.$$

因此该数列的通项公式为 $a_n = 4n - 3$.

【注意】 利用数列的通项 a_n 与前 n 项和 S_n 之间的关系,$a_n = S_n - S_{n-1}(n \geqslant 2)$ 求通项公式是经常使用的方法. 求出 a_n 之后,必须验证 a_1 是否适合所求的通项公式,如果不适合,则需要表明 $n = 1$ 的情况,把通项公式写成分段函数的形式,即 $a_n = \begin{cases} S_1, & n = 1 \\ S_n - S_{n-1}, & n \geqslant 2 \end{cases}$.

课堂练习

1. 根据下面数列 $\{a_n\}$ 的通项公式,写出它的前 5 项.

(1) $a_n = n^2$;　　　　　　　(2) $a_n = 10n$;

(3) $a_n = 5 \times (-1)^{n+1}$;　　　(4) $a_n = \dfrac{2n+1}{n^2+1}$;

(5) $a_n = (-1)^n \dfrac{1}{n}$.

2. 根据下面数列 $\{a_n\}$ 的通项公式,写出它的第 7 项与第 10 项.

(1) $a_n = \dfrac{1}{n^3}$;　　　　　　　(2) $a_n = n(n+2)$;

(3) $a_n = \dfrac{(-1)^n + 1}{n}$;　　　　(4) $a_n = -2^n + 3$.

3. 说出下面数列的一个通项公式,使它的前 4 项分别是下列各数.

(1) $2, 4, 6, 8$;

(2) $\dfrac{1}{5}, \dfrac{1}{10}, \dfrac{1}{15}, \dfrac{1}{20}$;

(3) $-\dfrac{1}{2}, \dfrac{1}{4}, -\dfrac{1}{8}, \dfrac{1}{16}$;

(4) $1 - \dfrac{1}{2}, \dfrac{1}{2} - \dfrac{1}{3}, \dfrac{1}{3} - \dfrac{1}{4}, \dfrac{1}{4} - \dfrac{1}{5}$.

4. 观察下面数列的特点,用适当的数填空,并写出每个数列的一个通项公式.

(1) $2, 4, (\quad), 16, 32, (\quad), 128$;

(2) $(\quad), 4, 9, 16, 25, (\quad), 49$;

(3) $-1, \dfrac{1}{2}, (\quad), \dfrac{1}{4}, -\dfrac{1}{5}, \dfrac{1}{6}, (\quad)$;

(4) $1, \sqrt{2}, (\quad), 2, \sqrt{5}, (\quad), \sqrt{7}$.

5. 已知数列的前 n 项和公式为 $S_n = \dfrac{1}{2}n(3n-1)$,求此数列的前 10 项的和,并求出该数列的通项公式.

习题 4.1

1. 简答题.

(1) 本节学习了哪些概念? 你能否举出实际生活中遇到的数列的一些例子? 你能否写出这些数列的通项公式?

(2) 数列的通项公式与前 n 项和有什么关系? 知道了通项公式怎样求前 n 项的和? 知道了前 n 项和公式怎么求通项公式?

2. 已知下面数列的通项公式,分别写出各个数列的前 4 项.

(1) $a_n = 2(n+3)$;　　　　　(2) $a_n = (n+2)^2$;

(3) $a_n = (-1)^{n+1}(n+1)$;　　(4) $a_n = \dfrac{2n-1}{2^n}$.

3. 在下面各小题中,分别写出一个无穷数列的通项公式,使得该数列的前 5 项恰好是所给的 5 个数.

(1) $2, 2, 2, 2, 2$;

(2) $4, 9, 16, 25, 36$;

(3) $\dfrac{1}{1\times 2}, \dfrac{1}{2\times 3}, \dfrac{1}{3\times 4}, \dfrac{1}{4\times 5}, \dfrac{1}{5\times 6}$;

(4) $-1, \dfrac{1}{8}, -\dfrac{1}{27}, \dfrac{1}{64}, -\dfrac{1}{125}$;

(5) $3, 6, 9, 12, 15$;

(6) $0, -2, -4, -6, -8$;

(7) $\dfrac{2}{1}, \dfrac{3}{2}, \dfrac{4}{3}, \dfrac{5}{4}, \dfrac{6}{5}$;

(8) $-\dfrac{1}{2\times 1}, \dfrac{1}{2\times 2}, -\dfrac{1}{2\times 3}, \dfrac{1}{2\times 4}, -\dfrac{1}{2\times 5}$;

(9) $1, \dfrac{1}{4}, \dfrac{1}{9}, \dfrac{1}{16}, \dfrac{1}{25}$;

(10) $\sqrt[3]{1}, -\sqrt[3]{2}, \sqrt[3]{3}, -\sqrt[3]{4}, \sqrt[3]{5}$.

4. 已知无穷数列 $1\times 2, 2\times 3, 3\times 4, \cdots, n(n+1), \cdots$.

(1) 求这个数列的第 10 项,第 31 项及第 48 项.

(2) 420 是不是这个数列中的项? 如果是,是第几项?

5. 已知数列 $\{a_n\}$ 的通项公式为 $a_n = n^2 - n - 20$,22 是不是该数列的一项? 如果是,是第几项?

6. 已知数列 $\{a_n\}$ 的通项公式为 $a_n = 3n - 1$,求此数列的前 7 项的和.

7. 已知数列 $\{a_n\}$ 的前 n 项和公式为 $S_n = \dfrac{3}{2}n(n+1)$,求此数列的通项公式.

4.2 等差数列

4.2.1　等差数列的定义

某班参加义务植树劳动，分为 5 个小组，第 1 小组到第 5 小组植树的棵数恰好是下面的数列

$$28，26，24，22，20，\cdots.$$

正整数中 5 的倍数从小到大排列组成一个数列

$$5，10，15，20，\cdots.$$

试分析上面的两个数列有什么共同的特点？

仔细观察不难发现，从数列的第二项开始，第一个数列中的每一项都比它的前一项小 2，第二个数列中的每一项都比它的前一项大 5. 也就是说，这两个数列有一个共同特点，在各自数列中，从数列的第二项开始，每一项与它前一项的差都等于相同的常数.

如果一个数列从第二项开始，每一项与它前一项的差都等于同一个常数，那么，这个数列叫做等差数列，这个常数叫做等差数列的公差，用字母 d 表示.

由等差数列的定义可知，若 $\{a_n\}$ 为等差数列，d 为公差，则有 $a_n-a_{n-1}=d$，即

$$a_n=a_{n-1}+d(n\in\mathbf{N}^*，且 n\geqslant 2) \tag{4-1}$$

【例 6】　已知等差数列的首项为 12，公差为 -5，试写出这个数列的第 2 项到第 5 项.

【解】　由于 $a_1=12$，$d=-5$，因此由公式(4-1)有

$a_2=a_1+d=12+(-5)=7$；$a_3=a_2+d=7+(-5)=2$；

$a_4=a_3+d=2+(-5)=-3$；$a_5=a_4+d=-3+(-5)=-8$.

课堂练习

1. 已知 $\{a_n\}$ 为等差数列，$a_5=-8$，公差 $d=2$，试写出这个数列的第 8 项.
2. 写出等差数列 $11，8，5，2，\cdots$ 的第 10 项.

4.2.2　等差数列的通项公式与等差中项公式

同学们可能已经发现，如果按照公式(4-1)来写出例 6 中的第 101 项，是非常麻烦的，有没有简便的方法很快地就能写出这一项呢？

实际上，对于等差数列 $\{a_n\}$，设其公差为 d，则

$$a_1=a_1，$$

$$a_2 = a_1 + d,$$
$$a_3 = a_2 + d = (a_1 + d) + d = a_1 + 2d,$$
$$a_4 = a_3 + d = (a_1 + 2d) + d = a_1 + 3d,$$
$$\cdots$$

依次类推，得到

$$a_n = a_1 + (n-1)d. \tag{4-2}$$

公式(4-2)就是等差数列的通项公式. 只要知道了等差数列的通项公式，就可以求出数列的任意一项. 例如，例 6 中的第 101 项为

$$a_{101} = a_1 + (101-1)d = 12 + 100 \times (-5) = -488.$$

【例 7】 求等差数列

$$-1, 5, 11, 17, \cdots$$

的第 50 项.

【解】 由已知得，$a_1 = -1$，$a_2 = 5$，$d = a_2 - a_1 = 5 - (-1) = 6$，所以这个等差数列的通项公式为

$$a_n = a_1 + (n-1)d = -1 + (n-1) \times 6 = 6n - 7,$$

即
$$a_n = 6n - 7.$$

于是，这个数列的第 50 项为

$$a_{50} = 6 \times 50 - 7 = 293.$$

【注意】 只要知道了等差数列的任意两个相邻的项，就可以用定义直接求出公差.

【例 8】 已知等差数列 $\{a_n\}$ 的第 100 项为 48，公差为 $\frac{1}{3}$，该数列的第 1 项是多少?

【解】 由于 $a_{100} = 48$，$d = \frac{1}{3}$，由等差数列的通项公式，有

$$48 = a_1 + (100-1) \times \frac{1}{3} = a_1 + 33,$$

所以
$$a_1 = 48 - 33 = 15.$$

【注意】 在等差数列的通项公式中，共有四个量 a_n，a_1，n 和 d，只要知道了其中的任意三个量，就一定可以求出另外一个量.

【例 9】 已知等差数列 $\{a_n\}$ 的第 5 项是 0，第 10 项是 10，求它的第 30 项.

【解】 由已知，$a_5 = 0$，$a_{10} = 10$，再由通项公式得

$$\begin{cases} 0 = a_1 + (5-1)d, \\ 10 = a_1 + (10-1)d. \end{cases}$$

解得
$$a_1 = -8, \ d = 2,$$

因此 $a_{30} = a_1 + (30-1)d = -8 + 29 \times 2 = 50.$

【例 10】 在 1 000 以内(小于等于 1 000)的自然数中，能被 2 整除但不能被 6 整除的自然数有多少个?

【解】 设 1 000 以内能被 2 整除的自然数组成的数列为 $\{a_n\}$ 则 $a_1 = 0$，$d = 2$

$$a_n = 1\,000$$

所以 $1\,000 = 2(n-1)$

求出　$n=501$

设 1 000 以内能被 6 整除的自然数组成的数列为 $\{b_n\}$，则 $b_1=0$，$d=6$，$b_n=996$

那么　$996=6(n-1)$

求出　$n=167$

又因为　$501-167=334$

所以　在 1 000 以内的自然数中能被 2 整除但不能被 6 整除的自然数有 334 个.

【分析】　将实际问题转化为等差数列问题是解此问题的关键. 为便于转化，可将实际数逐一列出，如能被 2 整除的数 0，2，4，6…，能被 6 整除的数 0，6，12，18，…

如果我们在两个已知的数 a 和 b 之间插入一个数 A，使得 a，A，b 成等差数列，A 应满足什么条件呢？

由等差数列的定义，如果 a，A，b 成等差数列，那么，$A-a=b-A$，从而得到 $A=\dfrac{a+b}{2}$.

反之，如果 $A=\dfrac{a+b}{2}$，则有 $2A=a+b$，从而 $A-a=b-A$，即 a，A，b 成等差数列. 因此，要使 a，A，b 成等差数列，必须满足条件 $A=\dfrac{a+b}{2}$.

如果 a，A，b 成等差数列，那么，A 叫做 a 与 b 的**等差中项**.

$A=\dfrac{a+b}{2}$　叫做**等差中项公式**.

因此，等差数列任意相邻的 3 项中，其中间项是它的前一项与后一项的等差中项.

$A=\dfrac{a+b}{2}$ 是 a,A,b 成等差数列的充要条件吗？

【例 11】　求 25 和 -13 的等差中项.

【解】　设 25 和 -13 的等差中项为 A，则 $A=\dfrac{-13+25}{2}=6$.

【例 12】　小明、爸爸和爷爷三个人的年龄恰好构成一个等差数列，他们三人的年龄之和为 120 岁，爷爷的年龄比小明年龄的 4 倍还多 5 岁，求他们祖孙三人的年龄.

【解】　由已知条件，设小明、爸爸和爷爷的年龄分别为 $a-d$，a，$a+d$，其中 d 为公差. 于是有

$$\begin{cases}(a-d)+a+(a+d)=120,\\4(a-d)+5=a+d.\end{cases}$$

解得　　　　　　　　　　$a=40$，$d=25$，

从而　　　　　　　　　　$a-d=15$，$a+d=65$.

即小明、爸爸和爷爷的年龄分别为 15 岁、40 岁和 65 岁.

课堂练习

1. (1) 求等差数列 3，7，11，…的第 4 项与第 10 项.

（2）求等差数列 $10,8,6,\cdots$ 的第 20 项.

（3）100 是不是等差数列 $2,9,16,\cdots$ 中的项？如果是，是第几项？如果不是，说明理由.

（4）-20 是不是等差数列 $0,-3\frac{1}{2},-7,\cdots$ 中的项？如果是，是第几项？如果不是，说明理由.

（5）求等差数列 $\frac{2}{5},1,1\frac{3}{5}$ 的通项公式.

（6）等差数列 $\{a_n\}$，$a_5=-3$，$a_9=-15$，则第几项为 -48？

2. 在等差数列 $\{a_n\}$ 中，

　（1）已知 $a_4=10$，$a_7=19$，求 a_1 与 d；

　（2）已经 $a_1=2$，$d=3$，$n=10$，求 a_n；

　（3）已知 $a_1=3$，$a_n=21$，$d=2$，求 n；

　（4）已知 $a_1=12$，$a_6=27$，求 d；

　（5）已知 $d=-\frac{1}{3}$，$a_7=8$，求 a_1.

3. 三个数成等差数列，它们的和等于 18，它们的平方和等于 116，求这三个数.

4. 求下列各题中两个数的等差中项：

　（1）100 与 180；　　　（2）-2 与 6；　　　（3）$-\frac{4}{3}$ 与 $\frac{4}{5}$.

4.2.3　等差数列的前 n 项和公式

看下面的问题：

$$1+2+3+\cdots+100=?$$

对于这个问题，著名数学家高斯 10 岁时曾很快求出它的结果. 你知道应如何计算吗？

高斯的算法是：

首项与末项的和：$1+100=101$，

第 2 项与倒数第 2 项的和：$2+99=101$，

第 3 项与倒数第 3 项的和：$3+98=101$，

　……

第 50 项与倒数第 50 项的和：$50+51=101$，于是所求的和是 $101\times100\div2=5050$.

实际上，高斯是在求等差数列 1，2，3，$\cdots$，n，$\cdots$ 的前 100 项的和. 那么求其他的等差数列的前 n 项和是否也可以用高斯的这种方法呢？

设 $\{a_n\}$ 为等差数列，由等差数列的定义和高斯的那种配对思路，得

$$a_1+a_n=a_1+a_n,$$

高斯(GAuss,C. F.,1777 年～1855 年),德国著名数学家

$$a_2+a_{n-1}=(a_1+d)+(a_n-d)=a_1+a_n,$$
$$a_3+a_{n-2}=(a_1+2d)+(a_n-2d)=a_1+a_n,$$
$$\cdots$$
$$a_n+a_{n-(n-1)}=[a_1+(n-1)d]+[a_n-(n-1)d]=a_1+a_n,$$

把上面 n 个等式的左、右两边分别相加，得

$$2S_n=n(a_1+a_n),$$

由此得出等差数列 $\{a_n\}$ 的前 n 项和公式为

$$S_n=\frac{n(a_1+a_n)}{2}.$$

将等差数列的通项公式 $a_n=a_1+(n-1)d$ 代入上述式子中

$$S_n=na_1+\frac{n(n-1)}{2}d.$$

如果知道 a_1 和 d，不必再计算 a_n，可以直接利用上面的公式，计算 S_n.

【例 13】 已知等差数列 $\{a_n\}$ 的首项是 -8，第 20 项是 106，求此数列的前 20 项的和.

【解】 由等差数列前 n 项和公式得

$$S_{20}=\frac{20\times(-8+106)}{2}=980.$$

【例 14】 求正奇数数列

$$1,3,5,\cdots,2n-1,\cdots$$

的前 100 项的和.

【解】 这是一个首项为 1，公差为 2 的等差数列，由等差数列前 n 项和公式可得

$$S_{100}=100\times1+\frac{100\times(100-1)}{2}\times2=100^2=10\,000.$$

【例 15】 等差数列

$$-13,-9,-5,-1,3,\cdots$$

的前多少项的和等于 50.

【解】 设此数列前 n 项的和是 50，由于 $a_1=-13$，$d=3-(-1)=4$，由等差数列前 n 项和公式得

$$50=-13n+\frac{n(n-1)}{2}\times4,$$

化简，得

$$2n^2-15n-50=0,$$

解得

$$n_1=10,\quad n_2=-\frac{5}{2}(\text{舍去}),$$

所以，所给数列的前 10 项的和等于 50.

这个数列的前 n 项和可能等于 60 吗？你是怎么判断的？

课堂练习

1. 根据下列各题中的条件,求相应的等差数列$\{a_n\}$的S_n:

   (1) $a_1=5,a_n=95,n=10$;

   (2) $a_1=100,d=2,n=50$;

   (3) $a_1=14.5,d=0.7,a_n=32$.

2. (1) 求正整数数列中前n个数的和;

   (2) 求正整数数列中前n个偶数的和.

3. 等差数列$5,4,3,2,\cdots$前多少项的和是-30?

4. 一个等差数列前4项的和是24,前5项的和与前2项的和的差是27,求这个等差数列的通项公式.

5. 求等差数列$1,4,7,10,\cdots$的前100项的和.

6. 已知在等差数列$\{a_n\}$中,$a_4=6$,$a_9=26$,求S_{20}.

7. 等差数列$\{a_n\}$的前n项和公式为$S_n=\dfrac{5}{2}n^2-\dfrac{23}{2}n$,试写出这个数列的前5项.

习题 4.2

1. 简答题.

   (1) 什么叫等差数列?什么叫等差中项?你能举出一些等差数列的例子吗?

   (2) 等差数列的通项公式和等差中项公式各是什么?它们是怎么得到的?

   (3) 等差数列的前n项和公式有几种形式?分别适用于什么情况?

   (4) 在等差数列的通项公式与前n项和公式中,一共涉及几个量?它们之间有什么关系?

2. 已知数列$\{a_n\}$的第1项是$\dfrac{1}{3}$,以后各项由公式$a_n=a_{n-1}+\dfrac{2}{3}$给出,$\{a_n\}$是等差数列吗?为什么?写出这个数列的前5项.

3. 写出等差数列

$$\frac{1}{5},\ \frac{3}{5},\ 1,\ \frac{7}{5},\ \cdots$$

的通项公式,并求此数列的第11项.

4. 在等差数列$\{a_n\}$中,$a_{20}=18$,$d=-3$,求a_{10}.

5. 在等差数列$\{a_n\}$中,$a_3=5$,$a_4=9$,求a_{30}.

6. 试在-2和16之间插入5个数,使这7个数成等差数列.

7. 一物体从高空落下,经过10 s到达地面.已知第一秒内物体下降4.9 m,以后每秒所下降的距离都比前一秒多9.8 m,求物体下降时的高度.

8. 一个有穷等差数列共20项,各项之和为1 050,首项是5,求公差与末项.

9. 在等差数列$\{a_n\}$中,$a_1=2$,$a_n=17$,$S_n=209$,求n与d.

10. 在等差数列$\{a_n\}$中,$d=-2$,$S_{20}=-380$,求a_1与a_{20}.

11. 在等差数列$\{a_n\}$中，$a_3=15$，$a_9=-9$，求S_{10}.

12. 等差数列$\{a_n\}$的前5项的和是35，第11项是31，求首项与公差.

13. (1) 在正整数集合中有多少个三位数？求它们的和.

    (2) 在三位正整数的集合中有多少个数是7的倍数？求它们的和.

    (3) 求等差数列$10,7,4,\cdots,-47$的各项的和.

14. 一个屋顶的某一斜面成等腰梯形，最上面一层铺了瓦片21块，往下每一层比上一层多铺1块，斜面上铺了瓦片19层，共铺瓦片多少块？

15. 一个剧场设置了20排座位，第一排有38个座位，往后每一排都比前一排多2个座位. 这个剧场一共设置了多少个座位？

16. 一个等差数列的第6项是5，第3项与第8项的和也是5，求这个等差数列前9项和.

17. (1) 设等差数列$\{a_n\}$的通项公式是$3n-2$，求它的前n项和公式；

    (2) 设等差数列$\{a_n\}$的前n项和公式是$S_n=5n^2+3n$，求它的前3项，并求其通项公式.

4.3 等比数列

4.3.1 等比数列的定义

(1) 某工厂今年的产值是$1\,000$万元，如果通过实行技术改造，在今后的5年内，每年都比上一年增加产值10％，那么今年以及今后5年的产值构成下面的一个数列（单位：万元）

$$1\,000,\ 1\,000\times1.1,\ 1\,000\times1.1^2,\ 1\,000\times1.1^3,\ 1\,000\times1.1^4,\ 1\,000\times1.1^5.$$

(2) 3的1次幂，3的2次幂，3的3次幂，3的4次幂，…构成一个数列

$$3,\ 3^2,\ 3^3,\ 3^4,\ \cdots.$$

这两个数列有什么共同的特点？

仔细观察，我们不难发现，从数列的第2项开始，第一个数列中的每一项都是它的前一项乘以1.1，第二个数列中的每一项都是它的前一项乘以3，也就是说，这两个数列的一个共同特点就是，从数列的第2项开始，每一项与它的前一项的比都等于同一个常数.

如果一个数列从它的第2项开始，每一项与它的前一项的比都等于同一个常数，那么这个数列叫做**等比数列**，这个常数叫做这个等比数列的**公比**，用字母q来表示.

由等比数列的定义知，如果$\{a_n\}$为等比数列，q为公比，则a_1与q均不为零，且有$\dfrac{a_n}{a_{n-1}}=q$，即

$$a_n=a_{n-1}\cdot q\ (n\in\mathbf{N}^*,\ n\geqslant2).$$

【例16】 已知等比数列的首项为5，公比为3，试写出这个数列的第2项到第5项.

119

【解】 由于 $a_1=5$，$q=3$，因此由上面的公式，有
$$a_2=a_1 \cdot q=5\times 3=15,$$
$$a_3=a_2 \cdot q=15\times 3=45,$$
$$a_4=a_3 \cdot q=45\times 3=135,$$
$$a_5=a_4 \cdot q=135\times 3=405.$$

课堂练习

1. 已知 $\{a_n\}$ 为等比数列，$a_3=-6$，公式 $q=2$，试写出这个数列的前 6 项.
2. 写出等比数列 3，-6，12，-24，$\cdots$ 的第 5 项到第 9 项.

4.3.2 等比数列的通项公式与等比中项公式

与等差数列相类似，如果由上节的公式来写出等比数列的任意一项是非常不方便的，因此需要求出等比数列的通项公式.

设 $\{a_n\}$ 为等比数列，并设其公比为 q，由公式 $a_n=a_{n-1} \cdot q$，有
$$a_2=a_1 \cdot q,$$
$$a_3=a_2 \cdot q=(a_1 \cdot q) \cdot q=a_1 \cdot q^2,$$
$$a_4=a_3 \cdot q=(a_1 \cdot q^2) \cdot q=a_1 \cdot q^3,$$
$$\cdots$$

依次类推，得到
$$a_n=a_1 \cdot q^{n-1}.$$

当 $n=1$ 时，上式两边都是 a_1，等式也成立. 因此，公式 $a_n=a_1 q^{n-1}$ 就是等比数列的通项公式. 可以看出，只要知道了等比数列的首项和公比，就可以由通项公式直接求出该数列的任意一项. 例如，我们可以直接求出例 16 中的等比数列的第 9 项为
$$a_9=a_1 \cdot q^{9-1}=5\times 3^8=5\times 6\ 561=32\ 805.$$

【例 17】 求等比数列
$$-1, \frac{1}{2}, -\frac{1}{4}, \frac{1}{8}, \cdots$$
的第 10 项.

【解】 由于 $a_1=-1$，$a_2=\frac{1}{2}$，所以，$q=\dfrac{a_2}{a_1}=\dfrac{\frac{1}{2}}{-1}=-\frac{1}{2}$，因此，这个等比数列的通项公式为 $a_n=a_1 \cdot q^{n-1}=-1 \cdot \left(-\frac{1}{2}\right)^{n-1}=-1 \cdot (-1)^{n-1} \cdot \left(\frac{1}{2}\right)^{n-1}=(-1)^n \cdot \frac{1}{2^{n-1}}$，

即
$$a_n=(-1)^n \frac{1}{2^{n-1}}.$$

于是，这个数列的第 10 项为
$$a_{10}=(-1)^{10} \frac{1}{2^{10-1}}=\frac{1}{512}.$$

【注意】 等比数列的公比,可以由任意两个相邻项的比来求出,但必须是后项比前项.

【例18】 已知等比数列$\{a_n\}$的第7项为$\frac{1}{9}$,公比为$\frac{1}{3}$,求该数列的第3项.

【解】 已知$a_7=\frac{1}{9}$,$q=\frac{1}{3}$,又由等比数列的通项公式,有

$$a_7=a_1 \cdot q^6,$$

即

$$\frac{1}{9}=a_1 \cdot \left(\frac{1}{3}\right)^6,$$

故

$$a_1=3^4=81,$$

所以

$$a_3=a_1 \cdot q^2=81 \cdot \left(\frac{1}{3}\right)^2=9.$$

【例19】 已知等比数列$\{a_n\}$的第5项是-1,第8项是$-\frac{1}{8}$,求它的第13项.

【解】 由已知,$a_5=-1$,$a_8=-\frac{1}{8}$.设公比为q,则由通项公式得

$$-1=a_1 \cdot q^4, \tag{1}$$

$$-\frac{1}{8}=a_1 \cdot q^7, \tag{2}$$

式(2)的两边分别除以式(1)的两边,有

$$\frac{1}{8}=q^3,$$

从而得

$$q=\frac{1}{2},$$

故

$$a_1=-2^4,$$

因此,

$$a_{13}=a_1 \cdot q^{12}=-2^4 \cdot \left(\frac{1}{2}\right)^{12}=-2^{-8}=-\frac{1}{256}.$$

【例20】 银行贷款一般都按复利(计算本利和时,把上期产生的利息也纳入本期的本金计算利息,即"利滚利")来计算利息.假如某人从银行贷款P万元,贷款期限为3年,月利率(复利率)为0.45%,试求到期后该人应偿还银行多少钱呢?

【解】 贷款第一个月后的本利和为

$$P+P\times 0.45\%=P(1+0.004\ 5)=1.004\ 5P,$$

第二个月后的本利和为

$$1.004\ 5P+1.004\ 5P\times 0.45\%=1.004\ 5^2 P,$$

依次下去,从第一个月起,每个月的本利和组成的数列为

$$1.004\ 5P,\ 1.004\ 5^2 P,\ 1.004\ 5^3 P,\ \cdots.$$

这是一个等比数列,$a_1=1.004\ 5P$,$q=1.004\ 5$.3年后应偿还银行的本利和也就是第36个月后的本利和,即此等比数列的第36项

$$a_{36}=1.004\ 5P\times 1.004\ 5^{36-1}=1.004\ 5^{36}P.$$

故到期后该人应偿还银行$1.004\ 5^{36}P$万元.

与等差中项的概念相类似,如果a,G,b成等比数列,那么G叫做a与b的等比中项.

121

如果 G 是 a 与 b 的等比中项,则有 $\dfrac{G}{a}=\dfrac{b}{G}$,从而 $G^2=ab$,$G=\pm\sqrt{ab}$. 反之,如果 a 与 b 同号,且有 $G=\sqrt{ab}$ 或 $G=-\sqrt{ab}$,那么 $G^2=ab$,从而,G 是 a 与 b 的 **等比中项**. 因此,要使 G 成为 a 与 b 的等比中项,必须满足条件 $G^2=ab$. 公式

$$G^2=ab$$

叫做等比中项公式.

等比数列任意相邻的 3 项中,其中间项就是它的前一项与后一项的等比中项. 由公式 $G^2=ab$ 看到,如果 a 与 b 有等比中项,则 a 与 b 同号.

【例21】 求 -6 与 -7 的等比中项.

【解】 设 -6 与 -7 的等比中项为 G,则

$$G=\pm\sqrt{(-6)\times(-7)}=\pm\sqrt{42}.$$

即 -6 与 -7 的等比中项是 $\sqrt{42}$ 或 $-\sqrt{42}$.

【例22】 小明、小刚和小强三个人参加钓鱼比赛,比赛结果,他们三人钓鱼的条数恰好构成一个等比数列,已知他们三人一共钓了 14 条鱼,而他们三人钓鱼的数目相乘等于 64. 三人中,小强钓的鱼最多,小明钓的鱼最少,求他们三人各钓了几条鱼?

【解】 由已知可设小明、小刚和小强钓鱼的条数分别为 $\dfrac{a}{q}$,a,aq,其中 q 为公比. 于是有

$$\begin{cases} \dfrac{a}{q}+a+aq=14, \\ \dfrac{a}{q}\cdot a\cdot aq=64. \end{cases}$$

解得

$$a=4,\ q_1=2,\ q_2=\dfrac{1}{2},$$

当 $q=2$ 时,

$$\dfrac{a}{q}=\dfrac{4}{2}=2,\ aq=4\times 2=8,$$

当 $q=\dfrac{1}{2}$ 时,

$$\dfrac{a}{q}=\dfrac{4}{\frac{1}{2}}=8,\ aq=4\times\dfrac{1}{2}=2.$$

再根据题中所给条件可知,小明钓了 2 条鱼,小刚钓了 4 条鱼,小强钓了 8 条鱼.

课堂练习

1. 求下面等比数列的第 4 项与第 5 项.

    (1) $5,-15,45,\cdots$;   (2) $1.2,2.4,4.8,\cdots$;

    (3) $\dfrac{2}{3},\dfrac{1}{2},\dfrac{3}{8},\cdots$;   (4) $\sqrt{2},1,\dfrac{\sqrt{2}}{2}\cdots$.

2. (1) 一个等比数列的第 9 项是 $\frac{4}{9}$，公比是 $-\frac{1}{3}$，求它的第 1 项；

(2) 一个等比数列的第 2 项是 10，第 3 项是 20，求它的第 1 项与第 4 项.

(3) 求等比数列 $\frac{2}{3}$，2，6，… 的通项公式与第 7 项.

(4) 等比数列 $\{a_n\}$ 的第 2 项是 $-\frac{1}{25}$，第 5 项是 -5，那么第几项是 -125？

3. (1) 求 -4 与 -6 的等比中项.

(2) 求 45 和 80 的等比中项.

(3) 求 $7+3\sqrt{5}$ 与 $7-3\sqrt{5}$ 的等比中项.

(4) 求 $a^4+a^2b^2$ 与 $b^4+a^2b^2$ $(a\neq0,b\neq0)$ 的等比中项.

4.3.3　等比数列的前 n 项和公式

现在我们来研究本章引言中提到的合同问题. 这份合同你是否能签，关键要看在合同期限的 30 天内，你要付给供货商多少钱. 这实际上就是要求等比数列
$$1,\ 2,\ 4,\ 8,\ 16,\ 32,\ \cdots$$
的前 30 项的和，即要求出
$$2^0+2^1+2^2+2^3+2^4+\cdots+2^{29}$$
的值是多少. 设
$$S_{30}=2^0+2^1+2^2+2^3+2^4+\cdots+2^{29}. \tag{1}$$
在式(1)的两边乘以 2，得
$$2S_{30}=2^1+2^2+2^3+2^4+2^5+\cdots+2^{30}. \tag{2}$$
我们发现，式(1)与式(2)的右端中有很多项是完全相同的，因此用式(2)的两边分别减去式(1)的两边，得
$$S_{30}=2^{30}-2^0=2^{30}-1=1\ 073\ 741\ 823(分)\approx10\ 737\ 418(元).$$

这就是说，在合同期限内，你总共要付给供货商约 1 073 万多元，而供货商总共只给你提供价值 300 万元的商品，如果你签了这份合同，你将白白送给供货商 770 多万元！现在你该知道这份合同的险恶了吧！

以上是一个特殊的等比数列的求和问题，那么，一般的等比数列的前 n 项和应该怎么去求呢？是不是也可以用上面的这种方法呢？现在我们就来研究这个问题.

设 $\{a_n\}$ 为等比数列，其公比为 q，它的前 n 项和为
$$S_n=a_1+a_2+a_3+\cdots+a_n. \tag{1}$$
由于在等比数列中，每一项乘以公比就会得到后一项，因此，如果在上式的两端乘以 q，等式右边就会变成是对 a_2 到 a_{n+1} 求和，即有
$$qS_n=a_2+a_3+a_4+\cdots+a_n+a_{n+1}. \tag{2}$$
用式(1)的两边分别减去式(2)的两边，得

$$(1-q)S_n = a_1 - a_{n+1} = a_1 - a_1 \cdot q^n = a_1(1-q^n). \tag{3}$$

当 $q \neq 1$ 时，由式(3)便可得等比数列 $\{a_n\}$ 的前 n 项和公式

$$S_n = \frac{a_1(1-q^n)}{1-q}.$$

由上式看出，只要知道等比数列的首项 a_1 和公比 $q(q \neq 1)$，就可以求出它的前 n 项和 S_n。

由于 $a_1 q^n = a_{n+1} = a_n q$，因此 $S_n = \dfrac{a_1(1-q^n)}{1-q}$ 还可以写成

$$S_n = \frac{a_1 - a_n q}{1-q}.$$

如果公比 $q = 1$，则等比数列的每一项都相等，因此它的前 n 项和 $S_n = na_1$。

现在我们直接用公式 $S_n = \dfrac{a_1(1-q^n)}{1-q}$ 再来计算一下引言合同中需付的供货款。因为 $a_1 = 1$，$q = 2$，$n = 30$，所以

$$S_{30} = \frac{1 \times (1-2^{30})}{1-2} = 2^{30} - 1.$$

与前述计算结果一样。

【例23】 求等比数列

$$1, -3, 9, -27, \cdots$$

的前 8 项的和。

【解】 因为 $a_1 = 1$，$q = \dfrac{-3}{1} = -3$，由等比数列前 n 项和得

$$S_8 = \frac{1 \times [1-(-3)^8]}{1-(-3)} = \frac{1-[(-3)^2]^4}{4} = \frac{1-9^4}{4} = -1\ 640.$$

【例24】 一个等比数列的首项是 $\dfrac{9}{4}$，末项是 $\dfrac{4}{9}$，各项的和是 $\dfrac{211}{36}$，求其公比和项数。

【解】 因为 $a_1 = \dfrac{9}{4}$，$a_n = \dfrac{4}{9}$，$S_n = \dfrac{211}{36}$，代入公式 $S_n = \dfrac{a_1 - a_n q}{1-q}$ 得

$$\frac{211}{36} = \frac{\dfrac{9}{4} - \dfrac{4}{9} \cdot q}{1-q},$$

去分母，得

$$211(1-q) = 36\left(\frac{9}{4} - \frac{4}{9}q\right),$$

解得

$$q = \frac{2}{3},$$

再由通项公式得

$$\frac{4}{9} = \frac{9}{4}\left(\frac{2}{3}\right)^{n-1},$$

即

$$\left(\frac{2}{3}\right)^{n-1} = \left(\frac{2}{3}\right)^4,$$

故得 $n-1=4$，从而 $n=5$，即该等比数列的公比为 $\frac{2}{3}$，共有 5 项.

【例 25】 等比数列

$$80，40，20，10，\cdots$$

的前多少项的和等于 $\frac{5\,115}{32}$？

【解】 设此数列前 n 项的和是 $\frac{5\,115}{32}$，由于 $a_1=80$，$q=\frac{40}{80}=\frac{1}{2}$，由等比数列前 n 项和，得

$$\frac{5\,115}{32}=\frac{80\left[1-\left(\frac{1}{2}\right)^n\right]}{1-\frac{1}{2}}=160\left[1-\left(\frac{1}{2}\right)^n\right],$$

化简，得

$$\frac{1023}{32\times 32}=1-\left(\frac{1}{2}\right)^n,$$

即有

$$\frac{2^{10}-1}{2^{10}}=1-\left(\frac{1}{2}\right)^n,$$

也即

$$1-\left(\frac{1}{2}\right)^{10}=1-\left(\frac{1}{2}\right)^n,$$

比较等式两边得，$n=10$，故所给数列的前 10 项的和等于 $\frac{5\,115}{32}$.

【例 26】 已知数列 $\{a_n\}$ 的前 n 项和公式为

$$S_n=3^{n+1}-3,$$

试求这个数列的通项公式，并求出它的第 6 项，这个数列是等比数列吗？

【解】 当 $n\geqslant 2$ 时，

$$a_n=S_n-S_{n-1}=(3^{n+1}-3)-(3^n-3)=3^{n+1}-3^n=2\times 3^n.$$

当 $n=1$ 时，

$$a_1=S_1=3^2-3=6=2\times 3^1,$$

也适合上式，因此，数列 $\{a_n\}$ 的通项公式为

$$a_n=2\times 3^n,$$

这个数列的第 6 项为 $a_6=2\times 3^6=1\,458$. 由于 $\frac{a_{n+1}}{a_n}=\frac{2\times 3^{n+1}}{2\times 3^n}=3$，所以 $\{a_n\}$ 是公比为 3 的等比数列.

【例 27】 某人从元月份开始，每月底存入银行 1 000 元，银行以复利率 0.2% 计月息，试问年终结算时本利和总额是多少？

【解】 我们先根据本书例 20 所提到的复利计息法，来求各月的存款到年终时的本利和分别是多少.

由于 12 月末的存入，已到年终，不再计算利息，本利和为 1 000 元，

11 月末的存款到年终时的本利和为 1 000(1+0.2%) 元，

10 月末的存款到年终时的本利和为 1 000(1+0.2%)^2 元，

2 月末的存款到年终时的本利和为 $1\,000(1+0.2\%)^{10}$ 元,

1 月末的存款到年终时的本利和为 $1\,000(1+0.2\%)^{11}$ 元,

我们看到,从 12 月到 1 月的各月存款的本利和组成一个等比数列,这个数列的首项是 $1\,000$,公比是 $1+0.2\%=1.002$,共 12 项.

年终结算时的本利和总额就是这个数列的所有项的和. 由等比数列的前 n 项和公式得

$$S_{12}=\frac{1\,000(1-1.002^{12})}{1-1.002}=500\,000(1.002^{12}-1)\approx12\,132.88(元),$$

即年终结算时的本利和总额约为 12 132.88 元.

【注意】 由此例不难得出,一般地,每期存入 P 元本金,按复利率 i 计算,第 n 期时的本利和总额为

$$F=\frac{P\big[(1+i)^n-1\big]}{(1+i)-1}=\frac{P\big[(1+i)^n-1\big]}{i}(元).$$

课堂练习

1. 根据下列各题中的条件,求相应的等比数列 $\{a_n\}$ 的 S_n.

　(1) $a_1=3,q=2,n=6$;

　(2) $a_1=2.4,q=-1.5,n=5$;

　(3) $a_1=8,q=\dfrac{1}{2},a_n=\dfrac{1}{2}$;

　(4) $a_1=-\dfrac{27}{10},q=-\dfrac{1}{3},a_n=\dfrac{1}{90}$.

2. (1) 求等比数列 $1,2,4,\cdots$ 从第 5 项到第 10 项的和;

　(2) 求等比数列 $8,-4,2,\cdots$ 从第 3 项到第 7 项的和.

　(3) 求等比数列 $\dfrac{1}{9},\dfrac{2}{9},\dfrac{4}{9},\dfrac{8}{9},\cdots$ 的前 10 项的和.

3. 已知在等比数列 $\{a_n\}$ 中,$a_1=\dfrac{1}{2}$,$a_n=\dfrac{243}{2}$,$S_n=182$,求 q 与 n.

4. 等比数列 $\{a_n\}$ 的首项是 6,第 6 项是 $-\dfrac{3}{16}$,这个数列的前多少项的和是 $\dfrac{255}{64}$?

5. 小刚的父亲每月底将工资的 100 元存入银行,银行以复利率 0.2% 计月息,半年以后的本利和总额应是多少?

习题 4.3

1. 简答题.

　(1) 什么叫等比数列? 什么叫等比中项? 你能举出一些等比数列的例子吗?

　(2) 等比数列的通项公式和等比中项公式各是什么? 它们是怎么推出的?

　(3) 等比数列的前 n 项和公式有几种形式? 分别适用于什么情况?

　(4) 在等比数列的通项公式与前 n 项和公式中,一共涉及几个量? 它们之间有什么关系?

2. 已知数列 $\{a_n\}$ 的第 1 项是 $\frac{1}{5}$，以后各项由公式 $a_n = \frac{5}{2} a_{n-1}$ 给出，$\{a_n\}$ 是等比数列吗？为什么？写出这个数列的前 5 项.

3. 写出等比数列 $\frac{8}{3}$，4，6，9，…的通项公式，并写出它的第 5 项到第 8 项.

4. 等比数列 $\{a_n\}$ 的首项是 25，公比是 $\frac{1}{5}$，写出它的通项公式，并求出其第 7 项.

5. 写出等比数列 -12，6，-3，$\frac{3}{2}$，…的通项公式，并写出它的第 12 项.

6. 在等比数列 $\{a_n\}$ 中，$a_6 = \frac{7}{32}$，$q = \frac{1}{2}$，求 a_3.

7. 在等比数列 $\{a_n\}$ 中，$a_3 = 1$，$a_4 = \frac{5}{2}$，求 a_7.

8. 某人从银行贷款 10 000 元，贷款期限为 2 年，银行以复利率 0.5% 计月息，求到期后，此人应偿还银行的本利和是多少？

9. 求下列各组数的等比中项.
   (1) 12 与 3；　　　　　　(2) -4 与 -8.

10. 在 2 与 -54 之间插入两个数，使这 4 个数成等比数列.

11. 等比数列 $\{a_n\}$ 的首项是 1，公比是 -2，求其前 8 项的和.

12. 有穷等比数列 $\{a_n\}$ 的首项是 7，公比是 3，各项之和为 847，求项数与末项.

13. 已知等比数列 a_n 的公比为 2，$S_4 = 1$，求 S_8.

14. 已知等比数列 $\{a_n\}$ 的前 3 项的和是 $-\frac{3}{5}$，前 6 项的和是 $\frac{21}{5}$，求它的前 10 项的和.

15. 某企业去年的产值是 138 万元，计划在今后 5 年内每年比上一年产值增长 10%，这 5 年的总产值是多少（精确到万元）？

16. 画一个边长为 2 cm 的正方形，再以这个正方形的对角线为边画第二个正方形，以第二个正方形的对角线为边画第三个正方形，这样一共画了 10 个正方形，求：
    (1) 第 10 个正方形的面积；
    (2) 这 10 个正方形的面积的和.

17. 一个球从 100 m 高处自由落下，每次着地后又跳回到原高度的一半再落下，当它第 10 次着地时，共经过的路程是多少？（精确到 1 m）

18. 已知等比数列 $\{a_n\}$ 前 3 项的和是 $\frac{9}{2}$，前 6 项的和是 $\frac{14}{3}$，求首项 a_1 与公比 q.

19. 求通项为 $a_n = 2^n + 2n - 1$ 的数列的前 n 项和.

本章小结与复习

一、知识结构框图

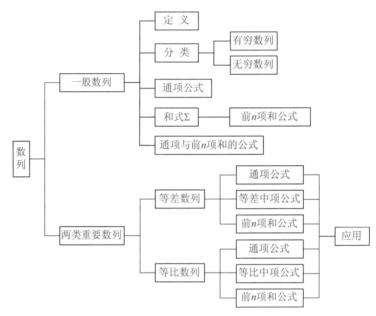

二、需要注意的问题

1. 数列与其通项公式并非一一对应，有些数列没有通项公式，有些数列却不只有一个通项公式.

2. 如果已知数列 $\{a_n\}$ 的前 n 项和公式 S_n，求 a_n，可用 $a_n = S_n - S_{n-1}$ 得到，要学会这种方法.

3. 任意两个实数都有等差中项，但只有同号的两个实数才有等比中项.

4. 等差数列与等比数列的内容结构是完全类似的，可以通过类比来理解和记忆.

5. 计算存款(贷款)的利息及本利和问题，是本章知识的重要实际应用，要注意区分存款(贷款)的类别，选择相应的方法，正确进行计算.

复习题四

一、选择题

1. 已知数列 $\{a_n\}$ 的通项公式为 $a_n=2n-5$，那么 $a_{2n}=$ （   ）

   A. $2n-5$ B. $4n-5$ C. $2n-10$ D. $4n-10$

2. 数列 0，1，0，2，0，3，0，4，$\cdots$的一个通项公式是 （   ）

   A. $a_n=n[1+(-1)^n]$ B. $a_n=n[1+(-1)^{n+1}]$

   C. $a_n=\dfrac{n}{2}[1+(-1)^n]$ D. $a_n=\dfrac{n}{4}[1+(-1)^n]$

3. 数列 1，3，6，10，15，21，$\cdots$的一个通项公式应该是 （   ）

   A. $a_n=\dfrac{n(n+1)}{2}$ B. $a_n=a_{n-1}+(n-1)$

   C. $a_{n+1}=a_n+n$ D. $a_n=a_{n-1}+n(n\geqslant 2$，且 $a_1=1)$

4. 数列 $\{a_n\}$ 的前 n 项和公式为 $S_n=2n^2-10n$，则它的一个通项公式是 （   ）

   A. $a_n=4n-8$ B. $a_n=2n-10$ C. $a_n=2n-12$ D. $a_n=4n-12$

5. 等差数列 $-\dfrac{7}{2}$，-3，$-\dfrac{5}{2}$，-2，$\cdots$的第 $n+1$ 项是 （   ）

   A. $\dfrac{1}{2}(n-7)$ B. $\dfrac{1}{2}(n-4)$ C. $\dfrac{n}{2}-4$ D. $\dfrac{n}{2}-7$

6. 在等差数列 $\{a_n\}$ 中，已知 $S_3=36$，则 $a_2=$ （   ）

   A. 18 B. 12 C. 9 D. 6

7. 已知在等比数列 $\{a_n\}$ 中，$a_2=2$，$a_5=54$，则 $a_4=$ （   ）

   A. 10 B. 12 C. 18 D. 24

8. $2-\sqrt{2}$ 与 $2+\sqrt{2}$ 的等比中项是 （   ）

   A. $\pm\sqrt{2}$ B. ± 2 C. $\sqrt{2}$ D. 2

二、填空题

1. 数列 0，3，8，15，24，$\cdots$的一个通项公式是_____．

2. 已知数列 $\{a_n\}$ 有公式 $a_n=a_{n-2}+a_{n-1}(n\geqslant 3)$，且 $a_1=1$，$a_2=1$，则 $a_5=$_____．

3. 通项公式为 $a_n=(-1)^{n+1}\cdot 2+n$ 的数列的第 10 项是_____．

4. 通项公式为 $a_n=(n+1)^2-2$ 的数列的前 6 项的和是_____．

5. 已知三个连续整数的和为 54，则这三个数分别是_____．

6. 已知 2 与 x 的等比中项为 12，则 $x=$_____．

三、解答题

1. 数列的通项公式为 $a_n=\sin\dfrac{n\pi}{4}$，求出数列的前 5 项．

129

2. 写出数列的一个通项公式, 使得数列的前 4 项恰好是 $\dfrac{2}{5}$, $\dfrac{5}{8}$, $\dfrac{8}{11}$, $\dfrac{11}{14}$.

3. 在等差数列 $\{a_n\}$ 中, $a_1=2$, $a_7=20$, 求 S_{15}.

4. 在等比数列 $\{a_n\}$ 中, $a_5=\dfrac{3}{4}$, $q=-\dfrac{1}{2}$, 求 S_7.

5. 已知本金 $P=1\,000$ 元, 单利率 $i=2\%$, 期数 $n=5$, 求到期后的本利和.

6. 已知本金 $P=1\,000$ 元, 复利率 $i=2\%$, 期数 $n=5$, 求到期后的本利和.

7. 某企业 2003 年的产值为 2 000 万元, 如果年增长率保持 10%, 那么该企业从 2004 年到 2008 年的产值的总和是多少?

阅读材料

数列在利息计算中的运用

储蓄与人们的日常生活密切相关, 学会计算利息非常重要, 下面介绍两种利息.

单利

单利是一定数量的资金(叫做本金)在存储期末一次支付的只对本金产生的利息. 如设本金为 P, 每期利率(即每期利息占本金的比率)为 i, I 表示 n 期的利息, 则每期末的利息值与本利和可按期排成如下数列.

$$P \cdot i, \ P \cdot 2i, \ P \cdot 3i, \cdots, P \cdot ni \qquad ①$$

$$P(1+i), \ P(1+2i), \ P(1+3i), \cdots, P(1+ni) \qquad ②$$

利息数列①与本利和数列②都是公差为 $P \cdot i$ 的等差数列.

n 期末的单利利息 I 为: $I=P \cdot ni$;

n 期末的本利和 S 为: $S=P(1+ni)$.

【例28】 按月利率 6‰ 存款 500 元, 以单利计息, 求三年到期的利息.

【解】

(1) 若以月为计期单位, 那么 $n=3$ 年 $=36$ 个月, 因为 $P=500$ 元, $i=6‰$

$$I=500 \times 6‰ \times 36 = 108 \ 元$$

(2) 若以年为计期单位, 这时每期利率(即为年利率) $i=6‰ \times 12 = 7.2\%$ (银行一般以百分数表示年利率, 千分数表示月利率), 又因为 $P=500$ 元, $n=3$ 年, 所以

$$I=500 \times 7.2\% \times 3 = 108 \ 元$$

复利

复利俗称"利滚利", 是指计算利息时把上期利息并入本金一起计算利息. 仍用 P 表示本金, i 表示每期利率, I 表示 n 期的利息, V 表示复利终值(即复利的到期本利和), 则各期末的复利终值依次为

$$P(1+i), \ P(1+i)^2, \ P(1+i)^3, \cdots, P(1+i)^n$$

这是一个以 $(1+i)$ 为公比的等比数列.

n 期末的复利息终值 V 为

$$V = P(1+i)^n$$

n 期的利数 I 为

$$I = V - P = P[(1+i)^n - 1]$$

【例29】 已知本金 $P=100\,000$ 元，年利率 $i=9\%$，期数 $n=3$ 年，求.

(1) 每年计息一次的到期复利利息.

(2) 每季计息一次的到期复利利息.

【解】

(1) 每年计息一次，可得

$$\begin{aligned}
I &= 100\,000[(1+9\%)^3 - 1]\\
&= 100\,000(1.09^3 - 1)\\
&= 100\,000(1.2950 - 1)\\
&= 2\,950 \text{ 元}
\end{aligned}$$

(2) 若每季计息一次，那么利率是 $\dfrac{i}{4}$，期数是 $4n$，则

$$\begin{aligned}
I &= 100\,000\left[\left(1+\frac{i}{4}\right)^{4n} - 1\right]\\
&= 100\,000\left[\left(1+\frac{9\%}{4}\right)^{4\times 3} - 1\right]\\
&= 100\,000(1.0225^{12} - 1)\\
&\approx 100\,000(1.3061 - 1)\\
&= 3\,061 \text{ 元}
\end{aligned}$$

斐波那契数与递推关系

斐波那契是意大利 13 世纪的数学家，全名是 L·斐波那契（Leonardo Fibonacci, 1175—?），他出生在比萨. 从 10 世纪到 13 世纪以来，意大利的商人闻名全欧，他们非常活跃地在地中海沿岸活动，把东方的奇珍异宝包括中国的丝绸从波斯人或阿拉伯人手中转卖给欧洲各国的封建王庭和贵族.

斐波那契的父亲在北非阿尔及利亚一个海关征税员，为了做生意的需要，他请了一个教师来教他的儿子，特别学习当时较罗马记数法还先进的"印度——阿拉伯数字记数法"以及东方的乘除计算法，因此斐波那契小时就接触到了东方的数学.

他长大后也成了一个商人，为了做生意他走过了埃及、西西里、希腊和叙利亚，并且对东方数学颇感兴趣. 在 1202 年他写了一本名叫《Liber Abaci》的数学书，书里他介绍了"印度——阿拉伯记数法"，里面还有一些代数问题和几何问题.

书里有一个"兔子问题". 有一个人把一对小兔子（一雄一雌）放在农场里，假定每个月一对成年兔子（一雄一雌）生下另外一对小兔子（一雄一雌）. 而这新的一对在二个月后就生下另外一对（一雄一雌）. 一年后这个农场有多少对兔子？

这本来是一个算术问题，但是却不能用普通的算术公式算出来. 我们不妨用符号 A 表示

131

一对成年的兔子,B 表示一对出生的兔子.

如果你知道这个月的繁殖情况,根据图中的规律很容易得到下个月的繁殖情况,只须把这个月里的 A 兔改写成 A 兔、B 兔,而这个月的 B 兔改写成 A 兔(表示新生小兔已成长为大兔子).

你可以自己试试填写下来.

月份	1	2	3	4	5	6	7	8	9	10	11	12
兔数/对	1	1	2	3	5	8	13	21	34	55	89	144

因此在年底应该有 144 对兔.

数学家后来就把这 1,1,2,3,5,8,13,21,34,55,89,144,…的数列称为斐波那契数列,以纪念这个最先得到这个数列的数学家,而且用 F_n 来表示这数列的第 n 项.

这个数列有这样的性质. 在 1 之后的每一个项是前面二项的和. 即 $F_1 = 1$,$F_2 = 1$,$F_n = F_{n-2} + F_{n-1}$ $(n > 2)$.

在数学上 $F_n = F_{n-2} + F_{n-1}$ 称为斐波那契数列的递推公式,$F_1 = 1$,$F_2 = 1$ 叫做初始条件. 理论上,知道一个数列的递推公式和初始条件,可以求出数列的任何一项. 如等差数列的递推公式 $a_n = a_{n-1} + d$,等比数列的递推公式 $a_n = a_1 q^{n-1}$.

8 岁的高斯使数学老师惊奇

著名大数学家高斯出生在德国一个贫穷的家庭. 高斯从小就表现出了数学天分,长大后成为当时最杰出的数学家. 人们称呼他为"数学王子".

高斯 8 岁时进入乡村小学读书.一天,数学老师板着脸对学生说."你们今天替我算 1 加 2 加 3 一直加到 100 的和. 谁算不出来就罚他不能回家吃午饭."

教室里的孩子们拿起石板开始计算."1 加 2 等于 3,3 加 3 等于 6,6 加 4 等于 10……"一些孩子加到一个数后就擦掉石板上的结果,再加下去,数越来越大,很不好算. 有些孩子的小脸涨红了,有些手心、额头上渗了汗来.

还不到半个小时,高斯拿起了他的石板走上前去说."老师,答案是不是这样?"

老师头也不抬,挥着手说."去,回去再算! 错了."他想不可能这么快就会有答案的.

可是高斯却站着不动,把石板伸到老师面前."老师! 我想这答案是对的."

数学老师差点怒吼起来,可是一看石板上整整齐齐写了这样的数:5050,他惊奇了,因为他自己曾经算过,得到的数也是 5050,这个 10 岁的小孩子怎么这样快就得到了答案呢?

实际上,高斯并没有一个数一个数地去做加法,而是用了等差数列求和的方法. 高斯当年是这样计算的:

$$(1+100)+(2+99)+\cdots+(48+53)+(49+52)+(50+51)=5050$$

你能找到简便的方法,迅速地完成上式计算吗?

第5章

直线和圆的方程

在科技、生产及生活中,经常需要研究直线、圆等几何图形,而这些几何问题的研究又需要运用代数知识来进行.

本章我们将学习在平面直角坐标系中建立直线和圆的方程,并通过方程来研究直线的位置关系.

5.1 中点坐标公式和两点间距离公式

5.1.1 中点坐标公式

在平面直角坐标系中给出 $P_1(x_1,y_1)$,$P_2(x_2,y_2)$两点,连接 P_1,P_2 两点得线段 P_1P_2,设 $P(x,y)$是线段 P_1P_2 的中点,如何求 P 点的坐标(x,y)呢?

如果 P_1,P_2 两点在 x 轴上,如图 5-1 所示,有 $x=\dfrac{x_1+x_2}{2}$,$y=\dfrac{y_1+y_2}{2}=\dfrac{0+0}{2}$. 如果 P_1, P_2 两点在 y 轴上,也有 $x=\dfrac{x_1+x_2}{2}=\dfrac{0+0}{2}$,$y=\dfrac{y_1+y_2}{2}$.

如果 P_1,P_2 两点为坐标平面上任意两点,如图 5-2 所示,分别过 P_1,P,P_2 向 x 轴作垂线,垂足分别是 M_1,M,M_2,它们的 x 轴坐标分别是 x_1,x,x_2,根据平行线的性质知,M 是线段 M_1M_2 的中点,由前面讨论知 $x=\dfrac{x_1+x_2}{2}$,用同样的方法可得 $y=\dfrac{y_1+y_2}{2}$.

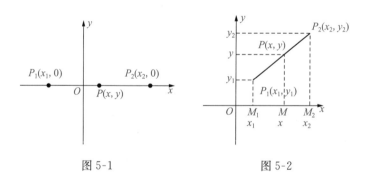

图 5-1　　　　　　　　图 5-2

综上所述,我们得到 $P_1(x_1,y_1)$,$P_2(x_2,y_2)$的中点 $P(x,y)$坐标公式

$$x=\frac{x_1+x_2}{2},y=\frac{y_1+y_2}{2}$$

【例 1】　求连接下列两点的线段的中点坐标.

(1) $P_1(6,-4)$,$P_2(-2,5)$; (2) $A(a,0)$,$B(0,b)$.

【解】　(1)根据中点坐标公式

$$x=\frac{6-2}{2}=2,\quad y=\frac{-4+5}{2}=\frac{1}{2}.$$

所以线段 P_1P_2 的中点坐标是 $\left(2,\dfrac{1}{2}\right)$.

（2）根据中点坐标公式

$$x=\frac{a+0}{2}=\frac{a}{2},\quad y=\frac{0+b}{2}=\frac{b}{2}$$

所以线段 AB 的中点坐标是 $\left(\dfrac{a}{2},\dfrac{b}{2}\right)$.

课堂练习

1.求连结下列两点线段的中点坐标.

（1）$A(7,4)$，$B(3,2)$；　　（2）$M(3,1)$，$N(2,1)$.

5.1.2 两点间距离公式

下面我们来讨论两点间的距离公式.

先讨论在 x 轴上两点 M_1，M_2 之间的距离，如图 5-3 所示. 设 M_1，M_2 的坐标分别是 x_1，x_2，则 M_1，M_2 两点间的距离是 $|M_1M_2|=|x_2-x_1|$.

如果 $P_1(x_1,y_1)$，$P_2(x_2,y_2)$ 是坐标平面上任意两点，如图 5-4 所示，那么它们的距离又如何计算呢？

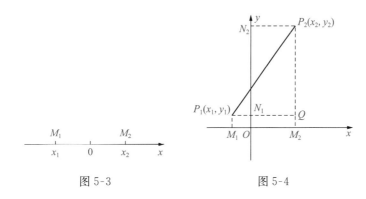

图 5-3　　　　　　　　图 5-4

从 P_1，P_2 两点出发分别向 x 轴、y 轴作垂线，垂足分别是 M_1，M_2，N_1，N_2，再过 P_1 作 P_2M_2 的垂线，垂足为 Q. 在 $\mathrm{Rt}\triangle P_1QP_2$ 中，

$$\begin{aligned}
|P_1P_2| &=\sqrt{|P_1Q|^2+|QP_2|^2}\\
&=\sqrt{|M_1M_2|^2+|N_1N_2|^2}\\
&=\sqrt{(x_2-x_1)^2+(y_2-y_1)^2}.
\end{aligned}$$

由此得到 $P_1(x_1,y_1)$，$P_2(x_2,y_2)$ 两点间的距离公式

$$|P_1P_2|=\sqrt{(x_2-x_1)^2+(y_2-y_1)^2}$$

两点 $P_1(x_1,y_1)$、$P_2(x_2,y_2)$ 的距离是否可以表示成 $|P_1P_2|=\sqrt{(x_1-x_2)^2+(y_1-y_2)^2}$？

【例2】 已知 $A(5,0),B(2,1),C(4,7)$，求 $\triangle ABC$ 中 AC 边上的中线长.

【解】 设 AC 的中点为 $M(x,y)$. 如图 5-5 所示，由中点坐标公式得

$$x=\frac{5+4}{2}=\frac{9}{2},\ y=\frac{0+7}{2}=\frac{7}{2}.$$

即点 M 坐标是 $\left(\frac{9}{2},\frac{7}{2}\right)$.

根据两点间的距离公式得

$$|BM|=\sqrt{\left(2-\frac{9}{2}\right)^2+\left(1-\frac{7}{2}\right)^2}=\sqrt{\frac{25}{4}+\frac{25}{4}}=\sqrt{\frac{50}{4}}=\frac{5\sqrt{2}}{2}.$$

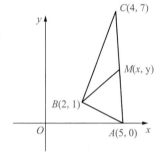

图 5-5

课堂练习

1. 数轴上点 A 的坐标是 2，点 M 的坐标是 -3，求 $|AM|$.
2. 求下列两点间的距离.
   (1) $P_1(6,0),P_2(0,-2)$；
   (2) $P_1\left(\frac{\sqrt{3}}{2},-\frac{\sqrt{2}}{2}\right),P_2\left(-\frac{\sqrt{2}}{2},-\frac{\sqrt{3}}{2}\right)$.
3. 求例 2 中 $\triangle ABC$ 各边长.

习题 5.1

1. 求在 x 轴上与点 $A(5,12)$ 的距离为 13 的点的坐标.
2. 已知点 P 的横坐标是 7，而 P 到 $N(-1,5)$ 的距离等于 10，求点 P 的纵坐标.
3. 三角形的三个顶点是 $A(2,1),B(-2,3),C(0,-1)$，求三条中线的长度.
4. 已知 $A(5,0),B(2,0),C(4,7)$.
   (1) 求 AC、AB 两边的中点 M,N 的坐标；
   (2) 计算 $|MN|,|BC|$；
   (3) 比较 $|MN|$ 与 $|BC|$ 的大小.

5.2 直线方程的点斜式和斜截式

5.2.1 直线的倾斜角和斜率

观察图 5-6,直线 l 在直角坐标系中与两条坐标轴有不同的夹角. 我们规定,直线 l 向上的方向与 x 轴的正方向所成的最小正角,叫做直线 l 的倾斜角,如图 5-6 中的 α.

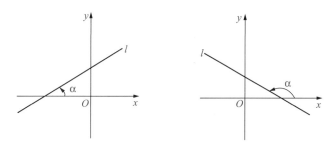

图 5-6

特别地,当直线 l 与 x 轴平行或重合时,规定它的倾斜角为 $0°$. 因此直线的倾斜角 α 的取值范围是 $0°\leqslant\alpha<180°$.

倾斜角不是 $90°$ 的直线,它的倾斜角的正切叫做这条直线的斜率. 直线的斜率通常用 k 表示,即

$$k=\tan\alpha$$

倾斜角是 $90°$ 的直线的斜率不存在;倾斜角不是 $90°$ 的直线都有确定的斜率.

如果一条直线经过两个已知点 $P_1(x_1,y_1)$,$P_2(x_2,y_2)$,并且直线的倾斜角不等于 $90°$,我们来研究怎样依据直线上两个已知点的坐标来计算这条直线的斜率.

设直线 P_1P_2 的倾斜角是 α,斜率是 k,从 P_1P_2 分别向 x 轴作垂线 P_1M_1,P_2M_2,再作 $P_1Q\perp P_2M_2$,垂足分别是 M_1,M_2,Q,那么 $\alpha=\angle QP_1P_2$(见图 5-7)或 $\alpha=\angle PP_1P_2$(见图 5-8).

在图 5-7 中,$\tan\alpha=\tan\angle QP_1P_2=\dfrac{QP_2}{P_1Q}=\dfrac{y_2-y_1}{x_2-x_1}$;在图 5-8 中,$\tan\alpha=\tan\angle PP_1P_2=\dfrac{QP_2}{P_1Q}$ $=\dfrac{y_2-y_1}{x_2-x_1}$,

即 $k=\dfrac{y_2-y_1}{x_2-x_1}$.

137

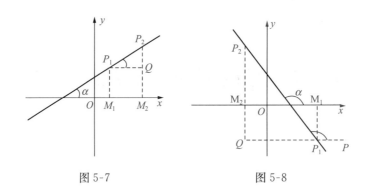

图 5-7　　　　　　　　图 5-8

综上所述,我们得到经过点 $P_1(x_1,y_1),P_2(x_2,y_2)$ 两点的直线的斜率公式

$$k=\frac{y_2-y_1}{x_2-x_1}$$

应当注意的是,当 $x_1=x_2$ 时,直线的倾斜角是 $90°$,斜率不存在.

根据问题研究的需要,直线可以规定方向,规定了方向的直线上的线段也是有方向的,如线段 P_1P_2 的方向与直线 P_1P_2 的方向相同,线段 P_1P_2 的方向与直线 P_2P_1 的方向相反.

【例 3】　求经过 $A(-2,3)$ 和 $B(2,-1)$ 两点的直线的斜率和倾斜角.

【解】　把两点的坐标 $(-2,3),(2,-1)$ 代入斜率公式,得

$$k=\frac{-1-3}{2-(-2)}=-1.$$

即　　　　　　　　　　　　　　$\tan\alpha=-1.$

因为　　　　　　　　　　　$0°\leqslant\alpha<180°,$

所以　　　　　　　　　　　　　　$\alpha=135°.$

因此,这条直线的斜率为 -1,倾斜角是 $135°$.

课堂练习

1. 填空:根据直线的倾斜角 α 的取值,确定斜率 k 的数值或范围.

    (1) 当 $\alpha=0°$ 时,$k=$＿＿＿＿＿＿ ;

    (2) 当 $0°<\alpha<90°$ 时,k ＿＿＿＿＿＿ ;

    (3) 当 $\alpha=90°$ 时,k ＿＿＿＿＿＿;

    (4) 当 $90°<\alpha<180°$ 时,k ＿＿＿＿＿＿ .

2. 填表中空格.

直线倾斜角 α	30°	45°	60°	120°	135°	150°		
斜率 k							0	不存在

3. 根据下列条件确定直线 l 的倾斜角 α 和斜率 k.

    (1) 直线 l 平行于 x 轴时,则 $\alpha=$ ＿＿＿＿＿＿ ,$k=$＿＿＿＿＿＿ ;

    (2) 直线 l 平行于 y 轴时,则 $\alpha=$ ＿＿＿＿＿＿ ,$k=$＿＿＿＿＿＿ .

4. 根据下列条件,画出直线.

(1) 过点$(-2,1)$,倾斜角是$90°$;

(2) 过点$(-1,1)$,斜率是-1.

5.2.2 直线方程的点斜式

已知直线l的斜率是k,并且经过点$P_1(x_1,y_1)$,求直线l的方程(见图5-9).

设点$P(x,y)$是直线l上不同于P_1的任意一点. 因直线l的斜率为k,根据经过两点的直线的斜率公式,得

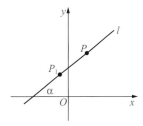

$$k=\frac{y-y_1}{x-x_1}$$

上式可化为

$$y-y_1=k(x-x_1)$$

这个方程就是斜率为k,且过点$P_1(x_1,y_1)$的直线l的方程.

由于这个方程是由直线上一点和直线的斜率确定的,所以叫做直线方程的点斜式.

图5-9

【例4】 已知直线l的倾斜角是$60°$,且过点$A(\sqrt{3},-2)$,求直线l的方程,并画出相应的图形.

【解】 直线l的斜率是

$$k=\tan60°=\sqrt{3}.$$

又知直线l过点$A(\sqrt{3},-2)$,代入点斜式方程,得

$$y+2=\sqrt{3}(x-\sqrt{3}),$$

即 $\sqrt{3}x-y-5=0.$

图形如图5-10所示.

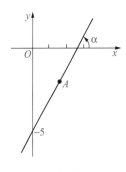

直线的点斜式方程作为代数方程还应进行化简,今后如果题目中要求"求直线的方程",都要对方程进行化简.

图5-10

已知直线过点$(0,b)$,且斜率为k,你能写出该直线方程吗?

139

现在来考虑两种特殊情况.

(1) 直线l过点$P_1(x_1,y_1)$,且平行于x轴时,求直线l的方程(见图5-11(1)).

因为直线l平行于x轴,所以倾斜角$\alpha=0°$,斜率$k=0$,由点斜式得直线l的方程为

$$y-y_1=0(x-x_1),$$

即 $y=y_1.$

(2) 直线l过点$P_1(x_1,y_1)$,且平行于y轴,求直线l的方程(见图5-11(2)).

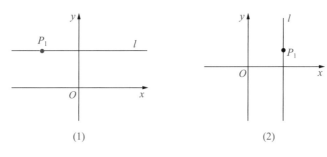

(1)　　　　　　　　　　　　(2)

图 5-11

因为直线 l 平行于 y 轴,所以倾斜角 $\alpha=90°$,直线 l 没有斜率,它的方程不能用点斜式表示,但因为 l 上每一点的横坐标都等于 x_1,所以它的方程是

$$x=x_1.$$

特别地,当直线 l 与 x 轴重合时,它的方程为 $y=0$,当直线 l 与 y 轴重合时,它的方程为 $x=0$.

课堂练习

1. 填空题.

(1) 过点 $A(2,-3)$,倾斜角是 $0°$ 的直线方程是 _____ ;

(2) 过点 $B(5,-1)$,倾斜角是 $90°$ 的直线方程是 _____ ;

(3) 过点 $C(0,4)$,且平行于 x 轴的直线方程是 _____ ;

(4) 过点 $D(6,3)$,且平行于 y 轴的直线方程是 _____ ;

(5) 直线 $x-3=0$ 过点(　　)与 _____ 轴平行;

(6) 直线 $y+5=0$ 过点(　　)与 _____ 轴平行.

2. 根据下列直线的点斜式方程,说出各直线的斜率、倾斜角和直线经过的点的坐标.

(1) $y-3=x+2$;　　　　　　　(2) $y+4=-(x-1)$;

(3) $y+2=\sqrt{3}(x-5)$;　　　　(4) $y-7=\dfrac{\sqrt{3}}{3}(x+2)$.

3. 已知直线过下列两点,请求出直线的斜率,再利用点斜式写出直线方程:

(1) $P_1(2,1),P_2(0,-3)$;　　　　(2) $P_1(-4,-5),P_2(0,0)$.

5.2.3　直线方程的斜截式

一条直线与 x 轴交点的横坐标,叫做这条直线在 x 轴上的截距;直线与 y 轴交点的纵坐标,叫做这条直线在 y 轴上的截距. 例如直线 l 与 x 轴交于点 $(a,0)$,与 y 轴交于点 $(0,b)$,则 a 就是直线 l 在 x 轴上的截距,b 就是直线 l 在 y 轴上的截距.

如果已知直线 l 的斜率是 k,在 y 轴上的截距是 b,如何求出直线 l 的方程呢?

因为 b 是直线 l 与 y 轴交点的纵坐标,所以直线 l 与 y 轴交于点 $(0,b)$,又知直线 l 的斜率

为 k,代入点斜式得出直线 l 的方程

$$y-b=k(x-0).$$

即 $$y=kx+b$$

这个方程是由直线 l 的斜率和它在 y 轴上的截距确定的,所以叫做直线方程的斜截式.

【例5】 求与 y 轴交于点 $(0,-4)$,且倾斜角为 $150°$ 的直线方程.

【解】 已知直线在 y 轴上的截距 $b=-4$,斜率 $k=\tan 150°=-\dfrac{\sqrt{3}}{3}$,代入斜截式,得

$$y=-\frac{\sqrt{3}}{3}x-4.$$

即 $$\sqrt{3}x+3y+12=0.$$

课堂练习

1. 说出下列直线的斜率 k,在 y 轴上的截距 b 及 x 轴上的截距 a 的值:

   (1) $y=2x+3$；   (2) $y=\sqrt{3}\,(x+5)$；

   (3) $x=2y-1$；   (4) $2x-y-7=0$.

2. 填空题.

   写出适合下列条件的直线的斜截式方程.

   (1) 斜率是 $\dfrac{\sqrt{3}}{3}$,在 y 轴上的截距是 -2. _____ ；

   (2) 倾斜角是 $135°$,在 y 轴上的截距是 3. _____ ；

   (3) 倾斜角是 $60°$,在 x 轴上的截距是 5. _____ ；

   (4) 斜率是 -2,过点 $(0,4)$. _____ .

3. 写出下列直线的点斜式方程,并转化直线的斜截式方程.

   (1) 经过点 $A(2,5)$,斜率是 4；

   (2) 经过点 $B(0,3)$,倾斜角是 $120°$.

习题 5.2

1. 选择题.

   (1) 已知直线经过点 $A(-2,0)$,$B(-5,3)$,那么该直线的倾斜角是 (　　)

   　A. $150°$ B. $135°$ C. $75°$ D. $45°$

   (2) 已知直线 l 过点 $A(1,2)$,在 x 轴上的截距在 $(-3,3)$ 的范围内,则它的斜率 k 的取值范围是 (　　)

   　A. $(-1,2)$ B. $\left(-1,\dfrac{1}{2}\right)$

   　C. $(-\infty,1)\bigcup(2,+\infty)$ D. $(-\infty,-1)\bigcup\left(\dfrac{1}{2},+\infty\right)$

2. 填空题.

(1) 一直线在 y 轴上的截距为 -2,它的倾斜角的余弦等于 $\dfrac{4}{5}$,则此直线方程是_____;

(2) 一直线在 y 轴上的截距为 -2,它的倾斜角的余弦等于 $-\dfrac{4}{5}$,则此直线方程是_____.

3. 一直线通过 $(-a,3)$ 和 $(5,-a)$ 两点,且斜率等于 1,求 a 的值.

4. 已知直线的斜率 $k=2$,$P_1(3,5)$,$P_2(x_2,7)$,$P_3(-1,y_3)$ 是这条直线上的三个点,求 x_2 和 y_3.

5. 根据下列条件写出直线的方程,并画出图形:

(1) 过点 $A(-3,7)$,倾斜角是 $30°$;

(2) 过点 $B(2,-5)$,且与 y 轴垂直;

(3) 斜率为 -2,在 y 轴上的截距是 8;

(4) 过原点且平分两坐标轴所夹的角.

6. 判断下列各题中的三点是否在同一直线上:

(1) $A(2,3)$,$B(1,-3)$,$C(3,9)$;

(2) $P_1(2,1)$,$P_2(3,-2)$,$P_3(-4,-1)$.

5.3 直线方程的一般式

在平面直角坐标系中,平面上任何一点都有唯一的一对有序实数对应,如图 5-12 所示,点 A 对应实数对 $(2,3)$. 相反,给出一个实数对,都能找到一个点与其对应,在图 5-12 中,实数对 $(-1,-2)$ 对应的点是 B.

在图 5-13 中,$(0,1)$ 是二元一次方程 $2x-y+1=0$ 的一组解,$(1,3)$ 也是二元一次方程 $2x-y+1=0$ 的一组解,这样的解有无数组. 如果把这无数组解看成点的坐标,在平面直角坐标系内做出这无数多个点,这样的无数个点组成了一条直线,显然如果任意点 (x,y) 在直线 l 上,则其坐标必满足 $2x-y+1=0$.

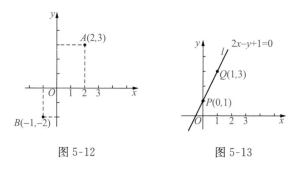

图 5-12   图 5-13

$2x-y+1=0$ 就叫做图中直线 l 的方程.

在解析几何里,就是利用直线方程来研究直线的有关问题的.

点斜式方程 $y-y_1=k(x-x_1)$ 整理后可化为 $kx-y+y_1-kx_1=0$ 的形式;斜截式方程 $y=kx+b$ 整理后可化为 $kx-y+b=0$ 的形式;前面例子中的直线的方程也都化为了关于 x,y 的二元一次方程 $Ax+By+C=0$ 的形式.

下面我们来研究直线和二元一次方程的关系.

我们知道,在平面直角坐标系中,每一条直线都有倾斜角 α. 当 $\alpha\neq90°$ 时,它们都有斜率,方程可写成下面的形式:

$$y=kx+b.$$

当 $\alpha=90°$ 时,它的方程可以写成 $x=x_1$ 的形式. 由于是在坐标平面内讨论问题,所以这个方程应认为是关于 x,y 的二元一次方程,其中 y 的系数是 0.

这样,在平面直角坐标系中,对于任何一条直线,都有一个表示这条直线的关于 x,y 的二元一次方程.

下面证明,任何关于 x,y 的一次方程都表示一条直线.

x,y 的一次方程的一般形式是

$$Ax+By+C=0,$$

其中 A、B 不同时为 0,下面分以下三种情况加以研究.

我们列表讨论如下.

A,B 的值	方程变形	图形	特性
$A=0,B\neq0$	$y=-\dfrac{C}{B}$		与 x 轴平行或重合的直线
$A\neq0,B=0$	$x=-\dfrac{C}{A}$		与 y 轴平行或重合的直线
$A\neq0,B\neq0$	$y=-\dfrac{A}{B}x-\dfrac{C}{B}$		斜率为 $k=-\dfrac{A}{B}$,纵截距为 $b=-\dfrac{C}{B}$ 的直线

我们把方程

$$Ax+By+C=0(A,B\text{ 不同时为 }0)$$

叫做直线方程的一般形式或一般式方程.

143

以后为了简便，我们把"一条直线 l 的方程是 $Ax+By+C=0$"简称为"直线 $Ax+By+C=0$"

【例6】 把直线 l 的方程 $3x-2y+6=0$ 化为斜截式，求出直线 l 的斜率和在两个坐标轴上的截距，并画出图形.

【解】 将原方程移项，得

$$2y=3x+6,$$

即 $y=\dfrac{3}{2}x+3$.

因此，直线的斜率为 $\dfrac{3}{2}$，纵截距为3.

在方程 $3x-2y+6=0$ 中令 $y=0$，解得 $x=-2$，即直线与 x 轴交于点 $(-2,0)$，所以直线的横截距为 -2.

过点 $(0,3)$，$(-2,0)$ 画直线，如图 5-14 所示.

【例7】 已知直线经过点 $(1,-5)$，$(-3,3)$，求这条直线的方程，并画出图形.

【解】 由已知两点的坐标，可以求出直线的斜率

$$k=\frac{3-(-5)}{-3-1}=-2$$

将点 $(1,-5)$ 的坐标和 $k=-2$ 代入点斜式方程，得

$$y+5=-2(x-1),$$

化为一般式为

$$2x+y+3=0.$$

直线如图 5-15 所示.

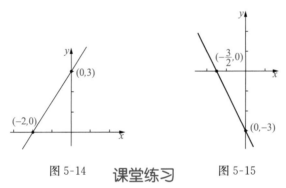

图 5-14　课堂练习　图 5-15

1. 将直线方程 $y=\dfrac{1}{2}x-2$ 化为一般式方程.

2. 写出经过 $A(2,1)$，$B(6,-2)$ 两点的直线的一般式方程.

习题 5.3

1. 根据下列条件写出直线的方程，并化成一般式.

   (1) $k=-\dfrac{1}{2}$，经过点 $A(8，-2)$；

   (2) 经过点 $B(4，2)$，平行于 x 轴；

   (3) 在 x 轴和 y 轴的截距分别是 $\dfrac{3}{2}$，-3.

2. 已知直线 $Ax+By+C=0$.

   (1) 当 $B\neq0$ 时，斜率是多少？当 $B=0$ 时呢？

   (2) 系数取什么值时，方程表示通过原点的直线.

3. (1) 已知三角形的顶点是 $A(8，5),B(4，-2),C(-6，3)$，求经过每两边中点的三条直线的方程.

   (2) $\triangle ABC$ 的顶点是 $A(0，5),B(1，-2),C(-6，4)$，求 BC 边上的中线所在直线的方程.

4. 求过点 $P(2,3)$，并且在两轴上的截距相等的直线方程.

5. 求证 $A(1,3),B(5,7),C(10,12)$ 三点在同一直线上.

5.4 两条直线的平行与垂直

　　如图 5-16 所示，平面内两条直线的位置关系有两种——平行或相交，在相交的位置关系中，当交角为直角时，叫做两条直线垂直.

　　如何根据直线方程来判断两条直线是平行还是垂直呢？

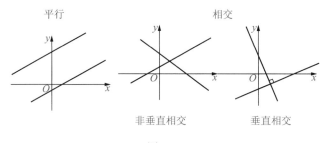

图 5-16

5.4.1 两条直线平行

如图 5-17 所示的两条平行直线 l_1，l_2，它们都不垂直于 x 轴，显然有.

$$\alpha_1 = \alpha_2,$$
$$b_1 \neq b_2$$

不重合的两条平行直线必然有 $b_1 \neq b_2$，能不能通过斜率来判断两条直线的平行关系呢？

设两条直线的方程分别为.

$l_1: y = k_1 x + b_1$，倾斜角为 α_1；

$l_2: y = k_2 x + b_2$，倾斜角为 α_2.

若 $l_1 // l_2$，必有 $\alpha_1 = \alpha_2$，

所以　$\tan\alpha_1 = \tan\alpha_2$，

即　$k_1 = k_2$，

因此，若 $l_1 // l_2$，则 $k_1 = k_2$.

反过来，若 $k_1 = k_2$，即 $\tan\alpha_1 = \tan\alpha_2$，

由于 $0° \leqslant \alpha_1 \leqslant 180°$，$0° \leqslant \alpha_2 \leqslant 180°$，

所以　$\alpha_1 = \alpha_2$，

所以　$l_1 // l_2$，

因此，若 $k_1 = k_2$，则 $l_1 // l_2$.

上述研究表明，**两条不重合的直线平行的充要条件是**：

$$l_1 // l_2 \Leftrightarrow k_1 = k_2 \text{ 且 } b_1 \neq b_2.$$

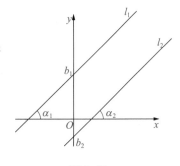

图 5-17

对照图 5-18 讨论. 当两条直线（不重合）的倾斜角都是 $90°$ 时，他们斜率不存在，这样的两条直线显然是平行的.

【例8】 判断下列各对直线是否平行.

(1) $l_1: 2x - y + 2 = 0$，$l_2: -4x + 2y - 3 = 0$；

(2) $l_1: x - 3y + 1 = 0$，$l_2: 3x - 6y - 5 = 0$.

【解】 (1) 把 l_1，l_2 的方程化为斜截式，

$$l_1: y = 2x + 2；$$
$$l_2: y = 2x + \frac{3}{2}，$$

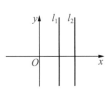

图 5-18

显然，l_1 的纵截距 $b_1 = 2$，l_2 的纵截距 $b_2 = \frac{3}{2}$，即 $b_1 \neq b_2$.

因为 l_1 的斜率与 l_2 的斜率相等，即 $k_1 = k_2 = 2$，

所以 $l_1 // l_2$.

(2) 把 l_1，l_2 的方程化为斜截式，

$$l_1: y = \frac{1}{3}x + \frac{1}{3}；$$

$$l_2: y = \frac{1}{2}x - \frac{5}{6},$$

则 l_1 的斜率 $k_1 = \frac{1}{3}$, l_2 的斜率 $k_2 = \frac{1}{2}$,

所以 $k_1 \neq k_2$,

所以 l_1 与 l_2 不平行.

【例 9】 求过点 $P(-2, 3)$ 且与直线 $3x + 4y + 5 = 0$ 平行的直线方程.

【解】 将直线化为斜截式为 $y = -\frac{3}{4}x - \frac{5}{4}$, 可以看出直线的斜率是 $-\frac{3}{4}$, 因为所求直线与已知直线平行, 因此所求直线的斜率也是 $-\frac{3}{4}$.

根据点斜式, 所求直线方程为

$$y - 3 = -\frac{3}{4}(x + 2),$$

即 $3x + 4y - 6 = 0$.

一般地, 两条直线重合充要条件是

$$l_1 \text{ 与 } l_2 \text{ 重合} \Leftrightarrow k_1 = k_2 \text{ 且 } b_1 = b_2.$$

当两条直线的方程用一般式 $l_1: A_1 x + B_1 y + C_1 = 0$, $l_2: A_2 x + B_2 y + C_2 = 0$ 表示时, 平行、重合的充要条件则分别为:

$$l_1 \text{ 与 } l_2 \text{ 平行} \Leftrightarrow \frac{A_1}{A_2} = \frac{B_1}{B_2} \neq \frac{C_1}{C_2};$$

$$l_1 \text{ 与 } l_2 \text{ 重合} \Leftrightarrow \frac{A_1}{A_2} = \frac{B_1}{B_2} = \frac{C_1}{C_2}.$$

【注意】 A_2, B_2, C_2 都不为 0.

课堂练习

1. 判断下列各对直线是否平行.
   (1) $8x + 4y + 5 = 0$ 与直线 $2x - y + 1 = 0$;
   (2) $y = 2x - 2$ 与直线 $6x - 3y - 10 = 0$;
   (3) $4x + 3y - 7 = 0$ 与直线 $8x + 6y + 1 = 0$;
   (4) $y = 3x - 2$ 与直线 $6x - 2y - 4 = 0$.

2. 求过点 $(2, 3)$ 且与直线 $x + 2y = 0$ 平行的直线方程.

5.4.2 两条直线垂直

现在研究两条直线垂直的情况.

如果 $l_1 \perp l_2$, 显然 $\alpha_1 \neq \alpha_2$, 设 $\alpha_1 > \alpha_2$ (见图 5-19), 由三角形外角定理知

$$\alpha_1 = 90° + \alpha_2.$$

因为已知 l_1 与 l_2 都有斜率, 且分别为 k_1, k_2, 所以 l_1, l_2 都不平行于 y 轴, 必有

$$\alpha_1 \neq 90°, \alpha_2 \neq 0°.$$

所以 $\tan\alpha_1 = \tan(90° + \alpha_2) = -\dfrac{1}{\tan\alpha_2}$

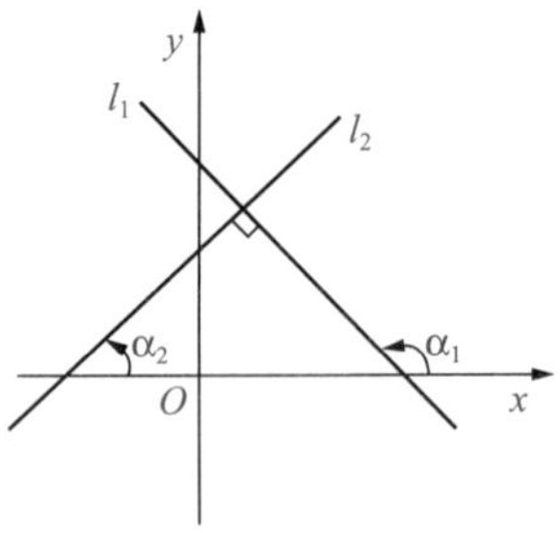

即 $k_1 = -\dfrac{1}{k_2}$ 或 $k_1 \cdot k_2 = -1$

反过来,如果 $k_1 = -\dfrac{1}{k_2}$,则

有 $\tan\alpha_1 = -\dfrac{1}{\tan\alpha_2} = -\cot\alpha_2 = \tan(90° + \alpha_2)$

因为 $0° \leqslant \alpha_1 < 180°, 0° \leqslant \alpha_2 < 180°$,

所以 $\alpha_1 = 90° + \alpha_2$.

所以 $l_1 \perp l_2$

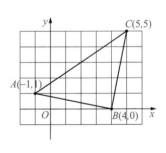

图 5-19

由上述知,两条直线都有斜率时,如果它们互相垂直,那么它们的斜率互为负倒数;反之,如果它们的斜率互为负倒数,那么它们互相垂直.

即 $$l_1 \perp l_2 \Leftrightarrow k_1 = -\dfrac{1}{k_2}$$

或 $$l_1 \perp l_2 \Leftrightarrow k_1 \cdot k_2 = -1.$$

【注意】 l_1 与 l_2 的斜率都存在时此式子才成立.

当 l_1 的斜率不存在(或 l_1 的斜率为 0)时,我们由图 5-20 可知,很容易判断 l_1 与 l_2 是否垂直.

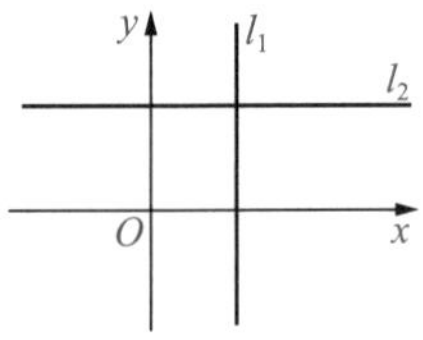

【例 10】 判断直线 $l_1: y = 2x - 1$,$l_2: x + 2y + 5 = 0$ 是否垂直.

【解】 直线 l_1 的斜率 $k_1 = 2$,将直线 l_2 的方程化为斜截式 $y = -\dfrac{1}{2}x$

图 5-20

$-\dfrac{5}{2}$,因此,直线 l_2 的斜率 $k_2 = -\dfrac{1}{2}$,

因为 $k_1 k_2 = 2 \times \left(-\dfrac{1}{2}\right) = -1$,

所以 $l_1 \perp l_2$.

【例 11】 求过点 $(3, 4)$ 且与直线 $2x - 4y + 1 = 0$ 垂直的直线方程.

【解】 设所求直线的斜率为 k_2,因为直线 $2x - 4y + 1 = 0$ 的斜率为 $k_1 = \dfrac{1}{2}$,

所以 $k_2 \times \dfrac{1}{2} = -1$,

所以 $k_2 = -2$.

因此,根据点斜式方程,得所求直线的方程为

$$y - 4 = -2(x - 3).$$

化为一般式为 $2x + y - 10 = 0$.

【例 12】 如图 5-21 所示,已知三角形 ABC 的三个顶点的坐标分别为 $A(-1, 1), B(4, 0), C(5, 5)$,判断三角形是否为直角三角形.

【解】 AB 所在直线的斜率为

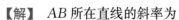

图 5-21

$$k_{AB} = \frac{0-1}{4-(-1)} = -\frac{1}{5},$$

BC 所在直线的斜率为

$$k_{BC} = \frac{5-0}{5-4} = 5,$$

显然，$k_{AB} \cdot k_{BC} = -1$，

所以 $AB \perp BC$，即 $\angle ABC = 90°$.

所以三角形 ABC 是直角三角形.

课堂练习

1. 判断直线 $l_1: 3x+5y=7$，$l_2: 12x-6y=11$ 是否垂直.

2. 求过点 $(-3, 1)$ 且与直线 $x+2y=0$ 垂直的直线方程.

3. 已知三角形 ABC 的三个顶点的坐标分别为 $A(0, 0)$，$B(3, 4)$，$C(4, 3)$ 判断三角形是否为直角三角形.

习题 5.4

1. 已知下列几组直线方程，判断它们是否平行或垂直？

   (1) $l_1: 3x+6y+10=0$　　(2) $l_1: y=3x+4$　　　(3) $l_1: y=x$

   　$l_2: x+2y=5$；　　　　　　$l_2: 2y=6x+1$；　　　　　$l_2: 3x+3y-10=0$；

   (4) $l_1: 3x+4y=5$

   　$l_2: 6x-8y=7$.

2. 求过点 $A(2, 3)$ 且分别适合下列条件的直线的方程.

   (1) 平行于直线 $2x+y-5=0$；

   (2) 垂直于直线 $x-y-2=0$.

3. 求下列满足已知条件的 a 的取值.

   (1) 直线 $l_1: 2x+(a+1)y+4=0$ 与直线 $l_2: ax+3y-2=0$ 平行；

   (2) 直线 $l_1: (a+2)x+(1-a)y-1=0$ 与直线 $l_2: (a-1)x+(2a+3)y+2=0$ 互相垂直；

   (3) 直线 $l_1: x+2ay-2=0$ 与直线 $l_2: (3a-1)x-ay+1=0$ 重合.

4. 求满足已知条件的直线方程.

   (1) 与直线 $3x-2y+6=0$ 平行且纵截距为 9 的直线的方程；

   (2) 过点 $(-1, 3)$ 与直线 $y=x+5$ 垂直的直线方程；

   (3) 和直线 $x+3y+1=0$ 垂直，且在 x 轴上的截距为 2 的方程.

5.5 点到直线的距离

如图 5-22 所示，小强从 A 点要以最短的距离到达前方的公路 l 上，他应该怎样走呢？显然，小强应该沿着过 A 点且与公路 l 垂直的线段 AB 走.

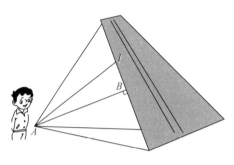

图 5-22

这条垂直线段 AB 的长度就是小强（点 A）到公路（直线 l）的距离.

如图 5-23 所示，从直线外一点 P 引直线 l 的垂线，点 P 与垂足 Q 间的线段的长度叫做点 P 到直线 l 的距离.

如何利用方程求出点 P 到直线 l 的距离呢？

如图 5-23 所示，直线 l 的方程是 $Ax+By+C=0$，直线 l 外的一点 P 的坐标是 (x_0, y_0)，线段 $PQ \perp$ 直线 l，Q 是垂足，用 d 表示点 P 到直线 l 的距离，则 $d=|PQ|$. 我们可以这样求出 d 的值，先由垂直关系求出 PQ 的斜率，再用点斜式求出 PQ 的方程，然后解由直线 l 和直线 PQ 的方程组成的方程组，得出交点 Q 的坐标，最后利用两点间的距离公式求出 d 的值.

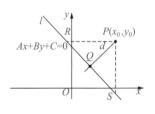

图 5-23

这个方法虽然思路自然，但是运算较繁，下面介绍另一种求法.

设 $A \neq 0$，$B \neq 0$，这时 l 与 x 轴、y 轴都相交. 过 P 作 x 轴的平行线，交 l 于点 $R(x_1, y_0)$；作 y 轴的平行线，交 l 于点 $S(x_0, y_2)$. 由

$$Ax_1+By_0+C=0,$$
$$Ax_0+By_2+C=0$$

得

$$x_1=\frac{-By_0-C}{A}, \quad y_2=\frac{-Ax_0-C}{B}.$$

所以，

$$|PR|=|x_0-x_1|=\left|\frac{Ax_0+By_0+C}{A}\right|;$$

$$|PS|=|y_0-y_2|=\left|\frac{Ax_0+By_0+C}{B}\right|,$$

$$|RS| = \sqrt{PR^2 + PS^2} = \frac{\sqrt{A^2 + B^2}}{|AB|} \cdot |Ax_0 + By_0 + C|.$$

从三角形面积公式可知

$$d \cdot |RS| = |PR| \cdot |PS|,$$

所以

$$d = \frac{|Ax_0 + By_0 + C|}{\sqrt{A^2 + B^2}}$$

可证,当 $A = 0$ 或 $B = 0$ 时,以上公式仍适用. 于是得到点到直线的距离公式

$$d = \frac{|Ax_0 + By_0 + C|}{\sqrt{A^2 + B^2}}$$

当 $A = 0$ 或 $B = 0$ 时,也可以不用上面公式而直接求出距离.

【例 13】 求点 $P(2, -1)$ 到直线 $l: 3x - 4y + 5 = 0$ 的距离.

【解】 将 $x_0 = 2$, $y_0 = -1$, $A = 3$, $B = -4$, $C = 5$ 代入距离公式,得

$$d = \frac{|3 \times 2 - 4 \times (-1) + 5|}{\sqrt{3^2 + (-4)^2}} = \frac{15}{5} = 3.$$

【例 14】 已知点 $P(-1, a)$ 到直线 $l: 2x + y - 5 = 0$ 的距离等于 $\sqrt{5}$,求 a 的值.

【解】 将 $x_0 = -1$, $y_0 = a$, $A = 2$, $B = 1$, $C = -5$ 代入距离公式,得

$$d = \frac{|2 \times (-1) + a - 5|}{\sqrt{2^2 + 1^2}} = \frac{|a - 7|}{\sqrt{5}}.$$

根据题意,可知 $\frac{|a - 7|}{\sqrt{5}} = \sqrt{5}$,

所以 $|a - 7| = 5$,即 $a - 7 = 5$ 或 $a - 7 = -5$,

所以 $a = 12$ 或 $a = 2$.

课堂练习

1. 求点 $Q(-1, 1)$ 到直线 $l: 3x - 4y = 0$ 的距离.

2. 求点 $A(2, -3)$ 到直线 $l: 5x - 12y + 6 = 0$ 的距离.

习题 5.5

1. 求点 $P(3, -2)$ 到下列直线的距离.

(1) $y = \frac{3}{4}x + \frac{1}{4}$;

(2) $y = 6$;

(3) $x = 4$.

2. 求下列点到直线的距离.

(1) 点 $(-9, 7)$,直线 $l: x = 2$;

(2) 点 $(1, -1)$,直线 $l: x - y + 1 = 0$;

（3）点$(0,-2)$，直线l：$y+10=0$.

3. 已知直线$2x+3y+5=0$与直线$2x+3y+m=0$平行，那么m的取值范围是什么？

4. 求下列满足条件的a的值（或取值范围）.

（1）若点$P(3,1)$到直线$ax+y-1=0$的距离为2；

（2）点$A(a,6)$到直线$3x-4y=2$的距离大于4.

5.6 圆的方程

曲线可以看成是一个动点按某种规律运动形成的轨迹，也可以看作是符合某种条件的所有点构成的集合，例如，平面直角坐标系内以原点为圆心，半径为r的圆如图5-24所示. 我们能不能像直线那样，用一个方程来表示这个圆呢？

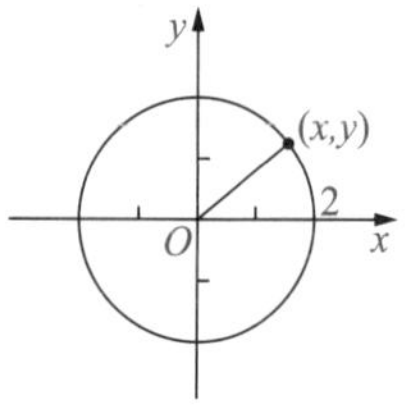

如果圆上的动点用坐标(x,y)表示，则根据已知条件，x,y满足的条件可以写成下面方程的形式.

$$\sqrt{x^2+y^2}=2,$$

即
$$x^2+y^2=4.$$

图5-24

含有x、y的方程$x^2+y^2=4$表示了圆心在原点，半径为2的圆. 方程$x^2+y^2=4$的任意一组解(x_0,y_0)都是圆上一动点的坐标，同时，圆上任一动点的坐标也是方程的解.

5.6.1 圆的标准方程

平面内到一定点的距离等于定长的点的轨迹叫做圆，定点叫做圆心，定长叫做半径.

如图5-25所示，设圆心的坐标为$C(a,b)$，半径为r，设$M(x,y)$是圆C上任意一点，则M满足的条件是$|MC|=r$.

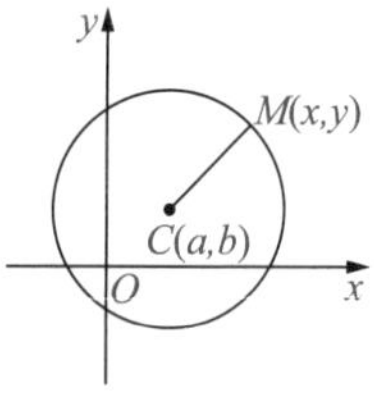

由两点间的距离公式，可得

$$\sqrt{(x-a)^2+(y-b)^2}=r,$$

再将其化简就可得出圆的方程.

将$\sqrt{(x-a)^2+(y-b)^2}=r$两边平方，得

$$(x-a)^2+(y-b)^2=r^2.$$

图5-25

【注意】 a,b前面是减号！

这个方程就是以$C(a,b)$为圆心，r为半径的圆的方程，通常称为圆的标准方程.

当圆心在坐标原点$O(0,0)$时，即$a=0$，$b=0$，此时方程变为

$$x^2+y^2=r^2.$$

通常称其为圆心在坐标原点,半径为 r 的圆的标准方程.

【例15】 写出满足下列条件的圆的方程.

(1) 圆心在点$(1,2)$,半径为2;

(2) 圆心在点$(-2,3)$,半径为1.

【解】 (1) 将 $a=1$,$b=2$,$r=2$ 代入圆的标准方程$(x-a)^2+(y-b)^2=r^2$,得
$$(x-1)^2+(y-2)^2=4.$$

(2) 将 $a=-2$,$b=3$,$r=1$ 代入圆的标准方程$(x-a)^2+(y-b)^2=r^2$,得
$$(x+2)^2+(y-3)^2=1.$$

【例16】 圆心是点 $C(2,-1)$,并且这个圆过点 $A(-1,0)$,求圆的方程.

【解】 根据两点间距离公式,可知圆的半径为
$$r=|CA|=\sqrt{(-1-2)^2+(0+1)^2}=\sqrt{10},$$

将圆心 C 的坐标$(2,-1)$和 $r=\sqrt{10}$代入圆的标准方程$(x-a)^2+(y-b)^2=r^2$ 中,得圆 C 的标准方程为
$$(x-2)^2+(y+1)^2=10.$$

【例17】 已知圆的标准方程为$(x-4)^2+(y+6)^2=16$,求圆心坐标和半径.

【解】 对照圆的标准方程,可知 $a=4$,$b=-6$,$r^2=16$.

所以圆心坐标为$(4,-6)$,半径长为 4.

课堂练习

1. 求圆 $x^2+y^2=9$ 的半径.
2. 求圆 $x^2+(y-1)^2=4$ 的圆心坐标.
3. 求圆心为$(-2,0)$,半径为 1 的圆的标准方程,并画图.

5.6.2 圆的一般方程

把圆的标准方程$(x-2)^2+(y-3)^2=9$展开整理成等号一边为 0 的形式.

通过展开整理,你已经得出结果为 $x^2+y^2-4x-6y+4=0$. 这是一个缺少 xy 项的二元二次方程.

那么任何一个缺少 xy 项的二元二次方程
$$x^2+y^2+Dx+Ey+F=0 \qquad \text{①}$$
都表示一个圆吗?

将式①的左边配方,得
$$(x+\frac{D}{2})^2+(y+\frac{E}{2})^2=\frac{D^2+E^2-4F}{4} \qquad \text{②}$$

(1) 当 $D^2+E^2-4F\neq0$ 时,比较方程式②和圆的标准方程,可以看出方程式① 表示以$(-\frac{D}{2},-\frac{E}{2})$为圆心、$\frac{1}{2}\sqrt{D^2+E^2-4F}$为半径的圆;

153

(2) 当 $D^2+E^2-4F=0$ 时，方程式①只有实数解 $x=-\dfrac{D}{2}$，$y=-\dfrac{E}{2}$，所以表示一个点 $\left(-\dfrac{D}{2},\ -\dfrac{E}{2}\right)$；

(3) 当 $D^2+E^2-4F<0$ 时，方程式①没有实数解. 因而它不表示任何图形

因此 $x^2+y^2+Dx+Ey+F=0$ 表示圆的条件的 $D^2+E^2-4F>0$

一般地，如果形如

$$x^2+y^2+Dx+Ey+F=0\ (D^2+E^2-4F>0)$$

的方程能够表示一个圆，则称其为圆的一般方程.

【注意】 不是形如 $x^2+y^2+Dx+Ey+F=0$ 的方程表示的都是圆.

【例 18】 判断下列方程表示的曲线是否是圆，如果是，求出圆心坐标和半径.

(1) $x^2+y^2+6x-8y-11=0$；

(2) $x^2+y^2+2x-4y+5=0$；

(3) $x^2+y^2+4x+6y+14=0$.

【解】 (1) 将 $x^2+y^2+6x-8y-11=0$ 配方，得

$$x^2+6x+9+y^2-8y+16=36,$$

即

$$(x+3)^2+(y-4)^2=36.$$

所以方程表示的是圆心坐标在 $(-3,4)$，半径为 6 的圆.

(2) 将 $x^2+y^2+2x-4y+5=0$ 配方，得

$$x^2+2x+1+y^2-4y+4=0,$$

即

$$(x+1)^2+(y-2)^2=0.$$

所以方程只有唯一一对实数解 $x=-1$，$y=2$，因此原方程表示的图形是一个点，其坐标为 $(-1,2)$.

(3) 将 $x^2+y^2+4x+6y+14=0$ 配方，得

$$x^2+4x+4+y^2+6y+9=-1,$$

即

$$(x+2)^2+(y+3)^3=-1.$$

显然，这个方程没有任何实数解，因此原方程不表示任何图形.

【例 19】 求过三点 $A(1,3)$，$B(-1,-1)$，$C(-3,5)$ 的圆的方程，并确定圆心坐标和半径.

【解】 用待定系数法求解，设过 A，B，C 三点的圆的方程为

$$x^2+y^2+Dx+Ey+F=0.$$

因为 A，B，C 三点在圆上，所以它们的坐标是圆方程的解，把它们的坐标依次代入上面方程，得到关于 D，E，F 的三元一次方程组

$$\begin{cases} D+3E+F=-10 \\ -D-E+F=-2 \\ -3D+5E+F=-34. \end{cases}$$

解这个方程组得，

$$D=4,\ E=-4,\ F=-2.$$

故所求圆的方程是

$$x^2+y^2+4x-4y-2=0.$$

将其配方，得方程为

$$(x+2)^2+(y-2)^2=10.$$

因此，此圆的圆心在$(-2,2)$，半径为$\sqrt{10}$.

课堂练习

1. 求下列各圆的圆心和半径.

   (1) $x^2+y^2+20x=0$；

   (2) $x^2+y^2+4x-6y=0$；

   (3) $x^2+y^2+4x-8y-3=0$.

2. 求经过三点$O(0,0)$，$M(2,0)$，$N(1,-1)$的圆的方程.

习题 5.6

1. 写出下列各圆的方程.

   (1) 圆心在原点，半径是3；

   (2) 圆心在$C(3,4)$，半径是$\sqrt{5}$；

   (3) 经过点$P(5,1)$，圆心在点$C(8,-3)$；

   (4) 圆心$(0,0)$并与直线$4x+3y-70=0$相切.

2. 下列方程各表示什么图形？

   (1) $x^2+y^2=0$；   (2) $x^2+y^2-2x+4y-6=0$；

   (3) $x^2+y^2+2ax-b^2=0$；   (4) $x^2+y^2-6x=0$.

3. 求下列条件所决定的圆的方程.

   (1) 已知圆过两点$A(3,1)$，$B(-1,3)$，且它的圆心在直线$3x-y-2=0$上；

   (2) 经过三点$A(1,-1)$，$B(1,4)$，$C(4,-2)$.

4. $\triangle ABC$的三个顶点坐标分别为$A(-1,5)$，$B(-2,-2)$，$C(5,5)$，求其外接圆的方程.

本章小结与复习

本章的主要内容：线段中点坐标公式、两点间的距离公式；直线的倾斜角与斜率；直线方程的点斜式、斜截式、一般式；两条直线平行、垂直的判定条件；点到直线的距离；圆的方程.

一、线段中点的坐标公式、两点间的距离公式

（1）线段中点坐标公式是指 $x=\dfrac{x_1+x_2}{2}$，$y=\dfrac{y_1+y_2}{2}$.

（2）两点间的距离公式是指 $|P_1P_2|=\sqrt{(x_2-x_1)^2+(y_2-y_1)^2}$，其中点 P_1 的坐标为 $(x_1，y_1)$，P_2 的坐标为 $(x_2，y_2)$.

这两个公式是平面直角坐标系内的基本公式，在解析几何中的用途非常多.

二、直线的倾斜角、斜率

（1）倾斜角. 直线 l 向上的方向与 x 轴正方向所夹的最小正角叫做直线 l 的倾斜角，倾斜角一般用 α 表示.

（2）斜率. 倾斜角的正切叫做直线的斜率. 斜率用 k 表示，即 $k=\tan\alpha$. 当 $\alpha=90°$ 时，k 不存在.

（3）过已知点 $P_1(x_1，y_1)$，$P_2(x_2，y_2)$ 的直线的斜率为 $k=\dfrac{y_2-y_1}{x_2-x_1}$. 其中，当 $k>0$ 时，α 是锐角；当 $k<0$ 时，α 是钝角.

三、直线方程的几种形式

常见的直线方程.

名称	点斜式	斜截式	一般式
已知条件	过点 $P(x_1，y_1)$，斜率为 k	纵截距 b，斜率为 k	A，B 不全为 0
方程形式	$y-y_1=k(x-x_1)$	$y=kx+b$	$Ax+By+C=0$

特殊位置的直线方程.

条件	平行于 x 轴	x 轴	平行于 y 轴	y 轴
方程	$y=y_1$	$y=0$	$x=x_1$	$x=0$

四、平行、垂直的判定条件

设两直线方程分别为 l_1：$y=k_1x+b_1$，l_2：$y=k_2x+b_2$，则

（1）$l_1\parallel l_2\Leftrightarrow k_1=k_2$，且 $b_1\neq b_2$；

（2）$l_1\perp l_2\Leftrightarrow k_1\cdot k_2=-1$ 或 $l_1\perp l_2\Leftrightarrow A_1A_2+B_1B_2=0$.

五、点到直线的距离

直线外一点 $P(x_0，y_0)$ 到直线 l：$Ax+By+C=0$ 的距离

$$d=\dfrac{|Ax_0+By_0+C|}{\sqrt{A^2+B^2}}.$$

六、圆的方程

（1）圆心在 $C(a，b)$，半径为 r 的圆的标准方程是 $(x-a)^2+(y-b)^2=r^2$.

特殊情况：圆心在 $O(0，0)$，半径为 r 的圆的标准方程是 $x^2+y^2=r^2$.

（2）圆的一般方程是指 $x^2+y^2+Dx+Ey+F=0$，其中 $D^2+E^2-4F>0$.

（3）已知圆经过三个已知点，求方程，需用待定系数法求 D，E，F．

复习题五

一、填空题

1. 若点 $P(a，3)$ 在直线 $y＝2x＋3$ 上，则 $a＝$_____．

2. 经过 $A(－2，0)$，$B(－5，3)$ 两点的直线的斜率是_____．

3. 过点 $P(1，2)$，斜率是 4 的直线方程是_____．

4. 倾斜角是 $45°$，在 y 轴上的截距是 3 的直线方程是_____．

5. 过点 $A(3，－4)$ 且与 y 轴平行的直线方程是_____．

6. 过点 $A(1，－2)$ 且与直线 $2x＋3y＋5＝0$ 平行的直线方程是_____．

7. 在 y 轴上的截距为 2，且垂直于直线 $x＋3y＝0$ 的直线方程是_____．

8. 如果直线 $y＝3x＋1$ 与直线 $x＋ay＋1＝0$ 互相垂直，则 a 的值是_____．

9. 点 $A(－2，3)$ 到直线 $3x＋4y－1＝0$ 的距离是_____．

10. 圆 $x^2＋y^2＋2x－4y＝0$ 的圆心坐标是_____．

二、选择题

1. 如果经过两点 $P(－2，m)$ 和 $Q(m，4)$ 的直线的斜率等于 1，那么 m 的值是 （ ）

   A. 1　　　　　B. 4　　　　　C. 1 或 3　　　　　D. 1 或 4

2. 直线 $3x＋2y－1＝0$ 的斜率是 （ ）

   A. $－\dfrac{3}{2}$　　　　B. $－\dfrac{2}{3}$　　　　C. $\dfrac{2}{3}$　　　　D. $\dfrac{3}{2}$

3. 两直线 $3x＋y－1＝0$ 和 $x＋3y－1＝0$ 的位置关系是 （ ）

   A. 平行　　　　　　　　B. 相交但不垂直

   C. 垂直　　　　　　　　D. 不确定

4. 圆 $x^2＋y^2－4x＝1$ 的圆心坐标及半径分别是 （ ）

   A. $(2，0)$，5　　　　　　　B. $(2，0)$，$\sqrt{5}$

   C. $(0，2)$，$\sqrt{5}$　　　　　　D. $(2，2)$，5

三、解答题

1. 在坐标平面上画出下列方程的图形．

   （1）$y＝2x$；（2）$2x＋3y＋6＝0$；（3）$x－y－5＝0$．

2. 已知三角形三个顶点的坐标为 $A(0，2)$，$B(4，8)$，$C(－2，4)$，求三条中线的长．

3. 已知直线的方程为 $2x－5y＋10＝0$，求其斜率和在纵轴上的截距，并画出图形．

4. 求点 $(2，－3)$ 到直线 $2x＋3y－4＝0$ 的距离．

5. 求过点 $(－4，2)$，且与直线 $2x＋4y－1＝0$ 垂直的直线方程．

6. 求圆 $x^2＋y^2－8y＋12＝0$ 的圆心坐标和半径．

7. 求经过三点 $A(－1，5)$，$B(5，5)$，$C(6，－2)$ 的圆的方程．

阅 读 材 料

解析几何是怎样产生的?

16 世纪以后，由于生产和科学技术的发展，天文、力学、航海等方面都对几何学提出了新的需要，比如，德国天文学家开普勒发现行星是绕着太阳沿着椭圆轨道运行的，太阳处在这个椭圆的一个焦点上；意大利科学家伽利略发现投掷物体是沿着抛物线运动的．这些发现都涉及到圆锥曲线，要研究这些比较复杂的曲线，原先的一套方法显然已经不适应了，这就导致了解析几何的出现．

1637 年，法国的哲学家和数学家笛卡尔发表了他的著作《方法论》，这本书的后面有三篇附录，一篇叫《折光学》，一篇叫《流星学》，一篇叫《几何学》．当时的"几何学"实际上指的是数学，就像我国古代"算术"和"数学"是一个意思一样．

笛卡尔的《几何学》共分三卷，第一卷讨论尺规作图，第二卷是曲线的性质，第三卷是立体和"超立体"的作图，但他实际研究的是代数问题，探讨方程的根的性质．后世的数学家和数学史学家都把笛卡尔的《几何学》作为解析几何的起点．

从笛卡尔的《几何学》中可以看出，笛卡尔的中心思想是建立起一种"普遍"的数学，把算术、代数、几何统一起来．他设想，把任何数学问题化为一个代数问题，再把任何代数问题归结到去解一个方程式．

为了实现上述的设想，笛卡尔从天文和地理的经纬制度出发，指出平面上的点和实数对 (x, y) 的对应关系．x, y 的不同数值可以确定平面上许多不同的点，这样就可以用代数的方法研究曲线的性质，这就是解析几何的基本思想．

具体地说，平面解析几何的基本思想有两个要点．第一，在平面建立坐标系，一点的坐标与一组有序的实数对相对应；第二，在平面上建立了坐标系后，平面上的一条曲线就可由带两个未知数的一个代数方程来表示了．从这里可以看到，运用坐标法不仅可以把几何问题通过代数的方法解决，而且还把变量、函数以及数和形等重要概念密切联系了起来．

解析几何的产生并不是偶然的，在笛卡尔写《几何学》以前，就有许多学者研究过用两条相交直线作为一种坐标系；也有人在研究天文、地理的时候，提出了一点位置可由两个"坐标"（经度和纬度）来确定，这些都对解析几何的创建产生了很大的影响．

在数学史上，一般认为和笛卡尔同时代的法国业余数学家费尔马也是解析几何的创建者之一，应该分享这门学科创建的荣誉．

费尔马是一个业余从事数学研究的学者，对数论、解析几何、概率论三个方面都有重要贡献．他性情谦和，好静成癖，对自己所写的"书"无意发表，但从他的通信中知道．他早在笛卡尔发表《几何学》以前，就已写了关于解析几何的小文，有了解析几何的思想．只是直到 1679 年，费尔马死后，他的思想和著述才从给友人的通信中公开发表．笛卡尔的《几何学》作为一本解析几何的书来看是不完整的，但重要的是他引入了新的思想，为开辟数学新园地做出了贡献．